洞庭湖生态水文与生态需水研究

郭文献 钱湛 卓志宇 黄伟 著

中国水利水电出版社
www.waterpub.com.cn
·北京·

内 容 提 要

　　近年来洞庭湖流域出现枯水年干旱季节工程性缺水、局部地区和少数城市资源性缺水和局部河段水质性缺水，水资源开发利用与河湖生态需水保障的矛盾加剧等现象。针对洞庭湖流域主要河湖水生态系统保护存在的主要问题，以及洞庭湖地区水资源条件和水生态特点，开展了洞庭湖生态水文和生态需水研究，并提出了以工程措施和非工程措施相结合的生态基流和生态水位保障措施及对策方案。

　　本书可供从事生态水利等相关专业的科研和管理人员阅读参考。

图书在版编目（CIP）数据

洞庭湖生态水文与生态需水研究 / 郭文献等著. --
北京：中国水利水电出版社，2018.9
　　ISBN 978-7-5170-6987-4

Ⅰ．①洞… Ⅱ．①郭… Ⅲ．①洞庭湖－区域水文学－
研究 Ⅳ．①P344.264

中国版本图书馆CIP数据核字(2018)第225226号

书　　名	洞庭湖生态水文与生态需水研究 DONGTINGHU SHENGTAI SHUIWEN YU SHENGTAI XUSHUI YANJIU
作　　者	郭文献　钱　湛　卓志宇　黄　伟　著
出版发行	中国水利水电出版社 （北京市海淀区玉渊潭南路1号D座　100038） 网址：www.waterpub.com.cn E-mail：sales@waterpub.com.cn 电话：(010) 68367658（营销中心）
经　　售	北京科水图书销售中心（零售） 电话：(010) 88383994、63202643、68545874 全国各地新华书店和相关出版物销售网点
排　　版	中国水利水电出版社微机排版中心
印　　刷	北京虎彩文化传播有限公司
规　　格	184mm×260mm　16开本　12.5印张　297千字
版　　次	2018年9月第1版　2018年9月第1次印刷
印　　数	001—500册
定　　价	**80.00元**

前言

　　近年来洞庭湖流域出现枯水年干旱季节工程性缺水、局部地区和少数城市资源性缺水和局部河段水质性缺水，水资源开发利用与河湖生态需水保障的矛盾加剧等现象。针对洞庭湖流域主要河湖水生态系统保护存在的主要问题，以及洞庭湖各重点流域和地区水资源条件和水生态特点，本书调查评价了洞庭湖主要河湖水文状况、水环境状况、物理形态状况以及水生态状况；综合运用水文统计方法和 IHA-RVA 法定量评估了人类活动对洞庭湖河湖生态水文情势改变程度；以 IHA 软件为平台，分析了洞庭湖环境流组成及其环境流指标变化情况；提出了基于 IHA-RVA 法的河湖最小和适宜生态需水评价方法，综合评价了洞庭湖主要河湖生态需水量；提出了以工程措施和非工程措施相结合的洞庭湖流域生态需水保障措施和对策方案。

　　本书在编写过程中得到了众多人士的帮助和支持。感谢湖南省水利水电勘测设计研究总院徐贵副院长、姜恒博士以及中国水利水电科学研究院水环境所彭文启所长、付意成高工给予的指导。此外，华北水利水电大学硕士研究生查胡飞、李越、李萌萌参与了本书部分编写工作；编写过程中参考和引用了大量国内外专家和学者的研究成果，在此一并向他们表示感谢！

　　本书研究工作得到了湖南省重大水利科技项目"湖南省典型河湖生态环境用水保障策略研究"（湘水科计〔2015〕186-11）、国家自然科学基金"水电梯级开发对长江中游重要鱼类生境累积效应及调控机制研究"（51679090）和河南省高校科技创新人才支持计划"梯级水库群多尺度多目标生态调控模型与方法研究"（16HASTIT024）联合资助。

　　由于作者水平所限，书中疏漏在所难免，恳请各位读者批评指正。

作者

2018 年 7 月

目　　录

第1章 绪 论

1.1 研究背景和意义

湖南省河网密布，5km 以上的河流 5341 条，总长度 9 万 km，其中流域面积在 55000km² 以上的大河 11117 条。省内除少数属珠江水系和赣江水系外，主要为湘、资、沅、澧四水及其支流，顺着地势由南向北汇入洞庭湖、长江，形成一个比较完整的洞庭湖水系。湘水为湖南最大的河流，也是长江七大支流之一；洞庭湖是全省最大的湖泊，跨湘、鄂两省。全省天然水资源总量为中国南方 9 省之冠。[1]

湖南省降水丰沛，水资源总量较丰富，但年内和地域分布不均匀，地表水的利用需要一定的工程措施加以调节，才能保证与需水的时间和空间相吻合。从近年实际发生的情况看，湖南省的缺水特征主要表现为枯水年干旱季节工程性缺水、局部地区和少数城市资源性缺水和局部河段水质性缺水。局部地区水污染严重。由于人均水资源量少，年内年际变化大，分布不均匀且与生产力布局不相匹配，造成水资源开发利用与河湖生态需水保障的矛盾加剧。[2]经济社会发展大量挤占河道内生态环境用水和超采地下水，导致许多地区出现河流断流、干涸，湖泊、湿地萎缩，河口淤积萎缩、地下水位持续下降、地面沉降等一系列与水有关的生态环境问题。

进入 21 世纪后，按照新形势下的发展需求，国家更加重视资源和环境问题。2007 年的十七大提出了生态文明建设，到 2012 年十八大和 2017 年十九大，生态文明的战略定位持续提升。水利工作积极落实相关的工作部署，逐步转变过去片面服务社会经济发展的治水模式，从节水型社会建设、西北干旱内陆天然绿洲保护、最严格水资源管理到最新的河长制等，水资源和水生态大保护的势头越来越强劲。可以说，我国的治水已经由古代的防水（防洪为主）和近代的用水（开发利用为主），进入到全面保水（水资源和水生态保护）的新时代。[3]

新的治水方向以水资源和水生态保护为主导，重点解决长期过度开发导致的河湖水空间占用、水质恶化、用水过度及超载、用水效率效益低下、河流廊道结构破碎化及生态系统退化等一系列资源和生态问题，助力生态文明及美丽中国建设。同时，也不忽视社会发展需求，要继续提升服务质量及水平，解决部分地区的水资源不平衡及群众对水安全需求满足的不充分问题。新方向的核心是水天平的再平衡，即由历史上过度地倾斜于社会经济端向自然生态端的再平衡，实现"人与自然和谐共生"。十九大的报告提出"加大生态系统保护力度，实施重要生态系统保护和修复重大工程，优化生态安全屏障体系，构建生态廊道和生物多样性保护网络"。大建大引大用大排和高堤大库等近代治水模式已经过时，新时代水方面的伟大工程应该是兼顾社会经济水安全前提下的国家河流湖泊修复与保护，让河湖重现生机和活力。

水是不可替代的独特的自然资源，保护水资源、修复水生态是建设生态文明的重大任务和伟大工程,是中华民族永续发展的千年大计。今后我国的治水思路、理念、任务、体制等都要继续大胆地改革创新,适应新时代的发展需要。到 21 世纪中叶,要把我国的河流湖泊变成一条条自然健康的生态廊道、美观秀丽的风景线、绿色发展的高地,践行绿水青山就是金山银山的发展理念。

本书旨在维护和保障河湖生态环境用水需求,针对典型河湖(四水水系、荆江三口、洞庭湖)水生态系统保护存在的主要问题,根据湖南省各重点流域和地区水资源条件和水生态特点,合理调配水资源,保障生态用水需求。

开展湖南省典型河湖生态环境用水保障策略研究是贯彻落实十九大精神和 2011 年中央 1 号文件精神,建设社会主义生态文明的重要举措;是实现水资源合理开发和有效保护,推动湖南省水生态保护与修复工作的重要技术支撑;同时也为湖南省第三次水资源调查评价工作及全面推进河长制一河一策工作提供了技术支撑。

根据已了解的情况,目前针对湖南省水资源及水生态的研究和设计主要集中在水资源配置及优化调度方面,对于重点区域水环境、水生态,特别是关于生态基流、生态水位及敏感生态需水方面的研究基本还是空白。

1.2　国内外研究进展

1.2.1　河湖生态水文研究

20 世纪中后期,生态水文学理论的发展达到巅峰,在河流生态学研究中不断提出一系列新的概念和理论,从不同角度理解了河流生态水文学的理论框架,这些理论的发展奠定了河流生态水文的坚实基础。1954 年,Huet 等[4]提出了地带性的概念(Zonation Concept,ZC),是描述河流生态系统完整性的第一次尝试。地带性概念描述了河流的划分情况,即按照鱼类种群或大型无脊椎动物种群特征将其分为不同区域,不同的分区反映了水体不同的温度和流量对水生生物的影响。1980 年,Vannote[5]提出了河流连续体的概念(River Continuum Concept,RCC),描述了河流从发源口到入海口之间,整个河流长度内的生物群落整体性结构特征和功能,是对河流生态学理论的一大发展,影响颇深。该理论指出在自然水系中,河流的每个角落都有生物群落的存在,且它们沿河流的流向在发生着变化,构成时空连续体。同时描述了整条河流水力梯度的连续性;分析了各个河段水文、水力条件的变化引起的生物生产力的变化;介绍了不同颗粒级配有机物质的运输、遮阴效应影响以及河流底质组成对食物网的影响等。河流连续体概念强调河流沿纵向的变化,忽视了河道与基底、高地和洪泛区之间的联系和功能。1983 年,Ward[6]提出了河流非连续体的概念(Serial Discontinuity Concept,SDC),主旨在于强调梯级布置的大坝对河流生态系统的影响。河流非连续体概念设定了两组参数来评价大坝工程对河流生态系统的影响,并强调了大坝工程对其结构和功能的改变。其中一组参数命名为"非连续性距离",另外一组称为强度参数(Intensity),反映了人工调蓄水量的行为对河流生态系统造成影响的强烈程度。随后,该理论得到了进一步的发展和应用。1986 年,Frissel 等[7]提出了流域的概念(Catchment Concepts,CC),意在考查河流与整个流域时空尺度的关系,在之前理论研究的基础上增加了流域时空尺度的内容,最后强调并建议了河流栖息地的分级框架,包括河道、池塘、浅滩和小型栖息地之间的分级。1989 年,Junk[8] 提出了洪水脉冲的概念(Flood Pulse Concept,FPC),强调了洪水脉冲是洪水对河道和洪水滩区生态系统中生物生存、发展和相互作用的主导力量。从而成为河流生态学理论上的一项重大突破,为以后河流规划整治项目和河流生态修复工作起到了举足轻重的作用,解决了相关领域中的不少难题。

各国学者在不断实地观测验证河流连续体理论的同时,也不断对其补充和完善。Ward[9] 提出了将河流生态系统由纵向连续扩展到四维系统,分别为垂向、横向、纵向和时间,其中垂向是指河道至基底,横向指洪泛区至高地,纵向指上游至下游,时间指每个方向随时间的变化分量,详细地说明了河流生态系统与流域之间的相互作用,并着重指出要把河流生态系统的开放性、连续性和完整性作为以后研究工作的重点。使 RCC 后来成为河流生态学中一个具有深远影响的理论,为广大学者对河流生态理论的研究提供了深厚的理论支撑。1997 年 Poff[10] 提出了自然水流范式(Nature Flow Paradigm,NFP)的概念,强调了未被干扰状态下自然水流的重要地位,其对河流生态系统的完整性和原有生物多样性具有关键意义。Poff 认为动态的水流条件对河流的泥沙运动和营养物质运输产生重要影响,自然水流的关键非生命变量表示为水量、频率、时间、持续时间和过程变化率,认为可以利用这些因子之间的相互关系来描述整个水文过程。在河流生态修复工程中,可以将未受干扰的天然流水文参数作为生态修复的参照。[11] 此外,还有一些在河流生态学研究中极为重要的概念,即营养螺旋的概念(Resource Spiraling Concept,RSC)[12]、河流水力的概念(Stream Hydraulics Concept,SHC)[13]、河流生产力模型的概念(Riverine Productivity Model,RPM)[14]、近岸保持力的概念(Inshore Retentivity Concept,IRC)[15] 以及地带分布的概念(Zonation Concept,ZC)[16] 等。

值得说明的是,上述的概念模型仍存在些许不足之处。生态系统是一个由各个生态要素综合作用的整体,各生态要素不可能独立存在,它们之间的作用是相互交融的。同时生境要素也会产生多种综合效应,并且与各生物因子相互作用。以上介绍的几种概念模型是将生态环境要素与生态系统的结构和功能之间的关系作为研究前提,体现了河流生态系统的局部特征,而未能从综合性和整体性角度将生态系统的综合特征充分显现出来。

为了弥补现存模型的不足,2008 年董哲仁[17] 提出了"河流生态系统结构功能整体模型"(Holistic Concept Model for the Structure and Function of River Ecosystems),创建了河流水流流势、水文情势、地貌景观这三大类生态环境因子与河流生态系统的结构和功能之间的相关联系。强调了河流生态系统各个组成之间的相互关系,也包括与结构关系相对应的物质循环、生物生产、信息流动等生态系统功能特征。这也是我国学者对河流生态系统的一项伟大创新,但其实际应用价值还有待进一步考究。

在河湖生态水文评价方法方面,Richter 等[18] 在 1997 年提出了一种评估水文情势变化程度的指标体系 IHA(Indication of Hydrologic Alteration),IHA 法包括月流量值、年水文极值大小和历时、年极值水文状况发生时间、高低流量脉冲的频率及历时和水流条件变化率及频率等 5 类指标体系,共包括 33 个指标,每个指标代表不同的生态意义。Richter 等人采用 IHA 法分析了洛诺克河上四座大坝建坝前后的生态水文情势的变化。澳大利亚的 Growns 等[19] 提出了一套包括 7 类指标体系共 91 个指标的水文情势评价指标体系，Growns 等人采用这类指标体系分析了澳大利亚东南部 107 条河流长系列数据的水文特征变化。郭文献等[20]采用 RVA 方法对丹江口水库建坝前后汉江中下游襄阳水文站历年水文数据进行了分析。分析结果表明，丹江口水库建坝后，下游的水文情势改变程度为中度改变，下游水文情势的变化影响了生物多样性。徐天宝等[21]采用澳大利亚的 Growns 提出的生态水文的指标体系方法分析了葛洲坝江段建坝前后的生态水文特征。分析表明，葛洲坝建坝后对江段的涨水落水过程有一定的影响，而涨水落水过程是刺激长江中下游中华鲟和"四大家鱼"等鱼类产卵繁殖的必要条件，所以葛洲坝建坝后对该江段鱼类产卵繁殖造成了一定的不利影响。冯瑞萍等[22]以长江干流关键点为研究对象，通过 IHA 法计算水文参数，从各控制站点的水文变化角度评估了长江流量的变化和生态环境影响。王俊娜等[23]以三峡-葛洲坝梯级水库作为研究对象，采用水文变化指标法和变化范围法，评估梯级水库正常运行对生态水文因子的改变程度及其生态环境影响，分析认为梯级水库的运行改变了河流水流组成模式，对 5 月、10 月的水流影响较大。张洪波等[24]以渭河流域的 21 个水文站点为研究区域，以生态水文联系为分区因子，通过水文改变指数法及变异范围法评估不同时间段的水文改变程度，并通过层次聚类法及主成分分析法对渭河流域进行生态水文分区，反映不同区域内其生态水文联系综合变异情势及生态水文联系变异的空间分布特征。赵伟华等[25]通过流量过程变异程度、高流量频率等 8 个指标构建物理完整性评价指标，并分析蓄水前后长江上游珍稀特有鱼类国家级自然保护区关键河段的物理完整性，揭示了向家坝水库蓄水对保护区水文情势如流量脉冲频率及持续时间、水深及流速多样性、底质中值粒径等具有一定影响。综观我国学者在河湖生态方面研究，多为水利工程对河流水文情势的影响，缺乏对河流生态效应、水生生物种群资源、生物多样性、河流生态系统结构和功能以及河流生态系统具体修复措施的研究。水利工程建设与运行过程中需要结合重点生态保护因素，以确保连续性和稳定性的生态过程，但本阶段相关的研究少之又少。因此还有很多方面需要进一步深入研究。

1.2.2 河湖生态需水研究

国外针对河流生态需水的研究起源于 20 世纪 40 年代，美国鱼类和野生动物保护协会研究河道流速与鱼类生长的关系，提出了"最小生物流量"的概念。20 世纪 50 年代大量的研究建立了流量、流速对生态系统的影响，主要研究的水生生物有鱼类、大型无脊椎动物、大型水生物植物。20 世纪 60 年代末到 70 年代，提出了许多保护栖息地和鱼类的河流生态需水量的评价模型，形成了许多成熟的计算方法[26]。据统计，截至 2003 年，关于河道内生态流量的计算方法接近 207 种，方法大致分为 4 类，即水文学法、水力学法、栖息地模拟法以及整体分析法[27-29]。水文学法包括蒙大拿法（或者称 Tennant 法）、7Q10 法、Texas 法、RVA 法等[30-34]；水力学法包括水力湿周法、R2CROSS 法、CASMIR 法等[35-36]；栖息地模拟法包括物理栖息地模拟法、IFM 法、RCHARC 法、PHABSM 法、Basque 法等[37-39]；整体分析法包括南非的 BBM（Building Block Methodology）法和澳大利亚的整体评价法（Holistic Approach）等[40-42]。水文学法又称为标准设定法或快速评价法，是最简单、最具代表性的一类方法。该类方法主要以长系列的历史监测数据为基础，采用固定流量（年平均或日平均）百分数的形式给出环境流量推荐值，通过这些推荐值来表示维持河流不同生态环境功能的最小环境流量。该方法适用于设定初级目标和国家性战略决策，至今仍然是应用最为广泛的方法。水力学法一般需要对河流的断面进行实地调查，才能确定有关的水力参数，使得该法操作比较困难，这也是 20 多年来该方法一直发展比较缓慢的一个原因。但是，该方法可以为栖息地模拟法和整体研究法提供研究方法和手段，属于向栖息地模拟法和整体研究法过渡的方法，终将融合到这两种方法之中。栖息地模拟法强调水文、物理形态和生物信息的有机结合，并产生动态的水文和栖息地时间序列数据，能够用这些数据来验证不同的生态环境用水对目标生物生命周期和聚集习性的影响，最具科学性，但对数据要求较高。整体分析法从河流生态系统整体出发，根据专家意见综合研究流量、泥沙运输、河床形状与河岸带群落之间的关系，使推荐的河道流量能够同时满足生物保护、栖息地维持、泥沙沉积、污染控制和景观维护等功能。因此，该类方法需要组成包括生态学家、地理学家、水力学家、水文学家等在内的专家队伍。整体分析法的基本原则是保持河流流量的天然性、完整性、季节变化性。将水生生物生存繁衍、生物群落重新分布，河流生态结构破坏对应不同的流量。该类方法强调流域系统的整体性，符合流域综合管理的要求，是生态环境需水计算方法的巨大进步，但该法对数据的要求依然很高。根据对上述方法的评述可知，水文学法简单、方便，但考虑因素单一，准确性较差；水力学法虽然考虑了水力学因素，但所需参数需要实测，不易操作；生境模拟法将其重点放在一些河流生物物种的保护上，而没有考虑诸如河流规划以及包括河流两岸在内的整个河流生态系统，由此计算出和推荐的流量范围值，并不符合整个河流的管理要求。表 1.2.1 比较了生态需水评价方法。

表 1.2.1　　　　　　　　　　　　生态需水评价方法比较

评价方法		评价方式	生态基础	优点	缺点
水文学法	Tennant	水文指标	天然流量和生态系统状况的关系	快速、数据容易满足，不需要现场测量标准	需要验证、未能考虑高流量
	流量历时曲线				
	水文指标法				
	7Q10 法				
	RVA 法				
水力学法	湿周法	河流水力参数	生物生产力与河道湿周面积的关系	简单的现场测量	体现不出季节性
	R2CROSS 法				
	河道形态分析法				
栖息地模拟法	IFIM 法	生境适宜性曲线	生境与生态系统之间的关系	理论依据充分	未考虑整个河流生态系统的需求，操作复杂
	CASIMIR 法				
整体分析法	BBM 法	河流生态系统整体性	天然流量与生态系统整体性的关系	尺度研究生态整体性，可与流域管理规划相结合	需要数据资料复杂，资源消耗大
	DRIFT 法				
	ELOHA 法				

河流生态需水的发展经历由单一目标发展为考虑多方面需求，并根据某时段的各种需求确定需水量的过程；在计算方法上呈现多样化，在空间尺度上对纵向、横向、垂向和时间域构成的思维动态系统进行研究；研究对象也发展到湖泊、湿地、河口三角洲等方面。近年来，国际间的合作交流越来越紧密，如 FRIEND（Flow Regimes form Experimental and Network Data）行动计划等。该计划主要应用国家流量（水文）数据库以及不同的研

究方法预测河流的高低流量。例如，澳大利亚与中国开展水权合作项目，将整体研究法的思想方法应用于生态需水量研究的国际间的合作，使得先进的研究技术和手段应用到更多的国家和地区，取得了丰硕的成果。

国内开展河流生态需水研究起步较晚，于 20 世纪 80 年代开始对旱地植被生态需水进行研究，关于生态需水的研究逐渐展开。[42] 汤奇成在针对塔里木盆地水资源与绿洲关系的研究中提出生态环境用水概念。20 世纪 90 年代后期，生态环境用水进入了较全面的研究阶段，随着生态水文学学科理论的不断成熟，针对我国的生态问题，国内开展了不同尺度、不同研究对象的生态需水研究，并取得了很大的进步。刘昌明根据水资源与生态用水关系，提出了水热平衡、水盐平衡、水沙平衡和水量平衡原理，探讨了生活、生产与生态用水之间的共享性；杨志峰等在分析流域生态系统、功能模块的复杂性的基础上，提出了流域生态需水具有整体综合性、模块复杂性、空间连续性、时间差异性以及自然、人工双控性的特性，并结合全国河流生态水文分区体系和分区方法，为从流域尺度开展生态环境需水量提供研究基础，李丽娟等以海滦河为例研究了河流系统生态环境需水，认为河流系统生态需水包括天然和人工植被、水（湿）生生物栖息、河口地区生态平衡、水沙平衡、水盐平衡、稀释净化能力、景观功能、合理的地下水位等 8 个方面。[43] 王西琴等从水环境污染问题出发，探讨了河道环境需水的内涵，指出河道最小环境需水量是指在河流的最基本功能不受破坏的情况下，在河道中常年流动着的最小水量阈值。严登华等[44] 将河流水划分为生态水、资源水和灾害水，认为河流系统的生态需水是指维持河流正常的生态结构和功能所需要的一定水质最小水量，包括河道系统和洪泛区两大系统的生态用水，并计算了东辽河流域河流系统生态需水量。杨志峰等[30] 从河流生态需水的基本内涵出发，对评价方法进行了研究，提出了生态环境需水量分级和计算方法，并对黄淮海地区的生态环境需水量进行了评估。于龙娟等[45] 研究了河流生态径流内涵，认为天然条件下随机变化的水文过程不会对河流的物种和种群结构产生根本性的影响，而影响的只是生物量及物种种群大小的变化。在天然状态下，任何一种径流过程都是生态径流过程，并确定了生态径流过程的准则，生态径流不是一个常量，应保持天然条件下河流的水文特征。在此理论方法研究基础上，陈竹青[46] 利用建立的逐月最小生态径流计算法和逐月频率法研究了长江中下游生态径流过程，为长江中下游生态安全提供保障。徐志侠[47] 从径流与河床关系入手，研究了径流与河床形态分析法，用以计算河道最小非生物需水；从径流、河床和生物关系着手，研究最小生态需水计算方法——河道生物空间最小需求法；研究用鱼类产卵所需流速估算河道鱼类产卵期适宜生态需水的方法。最后计算了颍河与涡河最小非生物需水、最小生态需水和适宜生态需水。宋兰兰[48] 采用水文指数法和湿周法计算了广东省河道生态环境需水。苏飞[49] 研究了河道最小和适宜生态需水量计算方法，并且以辽河为例进行了计算。英晓明[50] 研究了 IFIM 计算方法，采用 River2D 模型计算了中华鲟产卵生境和流量之间的关系。陈敏建等[51] 构建了多参数生态需水（最小生态需水、适宜生态需水、洪水期生态需水）体系并分析其内涵，组成了能反映河流生态系统健康的流量等级，运用该计算方法计算了黄河流域中下游生态需水量。吉利娜[52] 对河道生态需水计算的水力学方法中的湿周法和流速法进行了深入研究，并用于南水北调西线工程流域。樊健[53] 探讨了基于生态目标的河流生态径流计算方法以及 RVA 法确定河流生态径流过程的计算方法，并以广东东江河源水文站断面为例，进行了实证研究。郭文献等[54]采用改进河道湿周法以及生态流速-流量法分别计算了长江中下游河道最小和适宜生态流量，该结果为长江中下游河流生态环境保护提供参考。赵长森等[55]以淮河上、中、下游的典型河段为研究区域，将传统的水力半径法进行改进，计算闸坝河段类型的生态环境流量。李亚平[56]依据徒骇河流域的特征，构建了徒骇河流域的分布式水文模型，为量化未来时间段的生态环境需水指明了方向。何婷[57]针对淮河流域中下游典型河段水生态问题，在分析不同流量的生态学意义的基础上，基于洪水脉冲理论计算淮河典型河段生态水流过程。巩琳琳[58]以渭河流域为研究区域，提出了基于生态的水资源合理配置原则和机制，并分析了满足生态需水的途径。刘玉安[59]构建了SHRD模型，为估算流域生态需水满足度提供了全新的解决思路。商玲等[60]通过基于物理机制水循环模拟技术构建了HIMS流域分布式水文模型，利用最小流量平均估算了基本生态需水。董哲仁等[61]针对取水河段的生态问题，采用新型生态水文限度法计算河流生态需水，为生态需水计算提供了新的解决思路。根据以上研究可知，近几年来我国在河道生态需水研究方面也进行了大量研究，但仍有许多方面需要研究。首先，我国学者在河流生态需水的定义、内涵的理解上还存在较大差异，需要进一步研究，对河流生态需水的内涵进行界定；其次，我国关于河流生态需水评价方法的研究在很大程度上采用国外的研究方法，然而每种研究方法均存在一定的适用条件和不足，因此，需要根据我国河流的自身特点，提出适合的评价方法；最后，在研究内容方面需要进一步加强，如河道流量与鱼类生息环境关系的研究，河道流量、水生生物与DO三者之间的关系研究，水生生物指示物种与流量之间的关系研究，水库调度考虑生态环境、生态环境水量的优化分配的研究，环境生态用水与经济用水关系的研究等方面。

由于社会经济的快速发展，使得社会经济对水资源的需求与日俱增，并且对水资源的索取与破坏也在增加，导致与生态用水的矛盾日渐突出，出现了河流断流、水环境恶化、湿地萎缩等诸多生态问题。我国制定了诸多生态环境需水相关导则与指南，见表1.2.2。

表 1.2.2　　　　　　　　我国生态环境需水相关导则或指南

年份	导则或者指南	主 要 内 容
2005	建设项目水资源论证导则（试行）	建设项目取水应保证河流生态水量的基本要求，生态脆弱地区的建设项目取水不得进一步加剧生态系统的恶化趋势
2006	水利水电建设项目河道生态用水、低温水和过鱼设施环境影响评价技术指南（试行）	包括河道外植被生态需水量计算法、维持水生态系统稳定需水量计算过法、维持河流水环境质量的最小稀释自净水量计算法、河道内输沙需水量、河道蒸发需水量计算法
2006	《江河流域规划环境影响评价规范》（SL 45—2006）	包括河道内生态需水计算的一般规定，并指出河道内的生态需水包括3个部分，即河道生态基流、水生生物的需水量以及水流泥沙的冲淤输沙需水量等，河道内生态需水量建议采用Tennant法计算
2010	河湖生态需水评估导则（试行）	总结出比较成熟的方法，如水文学法、Tennant、90%保证率最枯月平均流量法、流量历时曲线法、水力学法、湿周法及R2CROSS
2010	水工程规划设计生态指标体系与应用指导意见	水工程规划与设计时生态水文要素应考虑流域尺度、河流廊道尺度与河段尺度的生态基流与敏感生态需水
2010	水利水电建设项目水资源论证导则（征求意见稿）	对于有最小下泄流量要求的建设项目，该导则建议提出不间断最小下泄流量的工程措施、调度管理及监测措施

随后，相关学者提出天然水文情势在维持河流生物多样性和生态系统完整性方面具有重要的作用。河流在不同的流量模式包括极端低流量、低流量、高脉冲流量、小洪水、大洪水等对于生态系统要素生物多样性、栖息地环境、河道洪泛区的形态具有不同的作用。尽管我国在河流生态需水研究中取得了很大的进步，但目前中国河流的环境水流研究仍存在一些问题，主要归纳为以下几个方面。

（1）加强交叉学科理论发展。河流生态环境涉及水文学、水力学、生态学以及景观学等众多学科，各学科之间的理论都与河流生态密不可分，但现阶段我国河流生态环境需水研究的发展还不足以支撑全面考虑满足多种因素生态需水的要求，因此迫切希望能够通过交叉学科之间的渗透，完善制定河流生态需水相关理论，实现河流生态环境需水的全面可持续发展。

（2）时空尺度协调问题。由于不同时空尺度下的生态环境需水规律可能存在差异，因此在生态环境需水实践管理中，如何科学合理地实现不同时空尺度之间的转换，制订适宜的水资源利用方案，并实现与水资源调度及规划之间的耦合，是一个亟待解决的关键科学问题。

（3）未考虑气候对水文过程的影响及生物自身的适应能力。生态环境流量不仅受到人类活动干扰的影响，同时也受到气候变化的影响，虽然现阶段的生态环境需水研究已经意识到气候变化对生态环境流量产生一定的影响，但研究还不够深入全面，一般认为自然水文情势自身的演变对生物有一定的正面意义，完全按照历史资料配水也不是保证河流生态系统健康完整的最佳解决方案，正确衡量气候及水文过程的自然演变及生物自身耐受程度的影响才是科学制订河湖生态环境需水的有效策略。

（4）生态资料数据库的建立。由于我国基础设施建设落后，缺乏必要的生态监测资料，生态基流的计算大多依托于水文数据，生态物种监测资料是确定生态目标的前提，也是科学合理计算生态基流的基础。因此，创建生态资料数据共享库是摆脱生态需水方法限制的前提，也是推动国内生态需水研究发展的关键一步。

1.3 研究内容与技术路线

1.3.1 研究内容

1. 洞庭湖流域水生态环境调查评价

本书对洞庭湖流域水生态环境状况进行了调查评价，分析了江湖关系变化下湖南省主要河流以及洞庭湖湖区水文状况、水环境状况、物理形态状况以及水生态状况，并对主要河湖水生态问题及影响因素进行了综合评价。

2. 洞庭湖流域生态水文情势演变规律

综合运用水文统计方法和 IHA-RVA 法定量评估了人类活动对荆江三口、四水以及东、西、南洞庭湖湖区生态水文改变程度。

3. 洞庭湖流域环境流量指标分析

以 IHA-RVA 软件为平台，选取湖南省四水、三口和洞庭湖湖区主要水文站的逐日流量、水位资料，依据各水文站点的突变点分为两个变动水文序列，分析水文突变前后洞庭湖流域环境流量组成及其环境流量指标变化情况。

4. 洞庭湖流域生态需水评估

在综合分析河湖生态需水计算方法基础上，提出基于 IHA-RVA 法的河湖最小和适宜生态需水评价方法，提出荆江三口、四水以及东、西、南洞庭湖的最小和适宜推荐生态需水过程，并对河湖生态需水结果和保障程度进行综合评价。

5. 洞庭湖流域生态环境用水保障措施

为保障洞庭湖流域生态环境用水，以满足洞庭湖区域水资源调度和河流生态健康的目标，并促进人水和谐，以尽可能地促进社会经济与生态环境的共同和谐发展，提出以工程措施和非工程措施相结合的保障措施和对策方案。

1.3.2 技术路线

本书针对洞庭湖流域存在的生态问题，以生态水文学理论为指导，采取将定性和定量评价相结合，综合分析河湖生态水文情势变化，借鉴《河湖生态需水评估导则》和《河湖生态环境需水计算规范》，提出河湖生态需水评价新方法，对洞庭湖流域生态需水进行综合评价，重点分析现状和历史河湖生态需水保障程度，提出河湖生态需水保障的工程和非工程措施。其技术路线如图 1.3.1 所示。

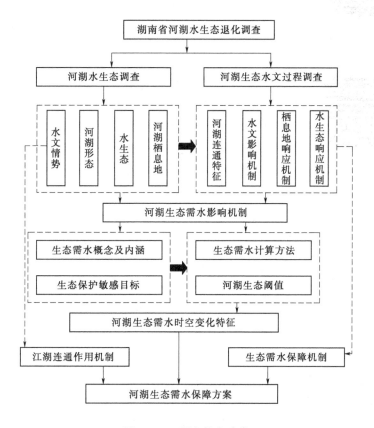

图 1.3.1　研究技术路线

1.4 主要创新点

(1) 综合运用水文统计方法和 IHA-RVA 法，综合评估了荆江三口、四水以及东、西、南洞庭湖湖区生态水文改变程度。

(2) 基于 IHA 软件平台，综合评价了水文突变前后洞庭湖流域环境流组成及其环境流指标变化情况。

(3) 提出了湖南省河湖最小和适宜生态需水评价方法，对其生态水位保证程度和生态基流满足程度进行了综合评估。

(4) 确定了生态环境用水的控制指标体系和控制调度方案，提出了以工程措施和非工程措施相结合的生态基流和生态水位保障措施及对策方案。

第2章 研究区概况

2.1 自然地理

湖南省位于长江中游南岸，地处东经 $108°47'\sim114°15'$、北纬 $24°39'\sim30°08'$ 之间，东临江西，南接广东、广西，西连重庆、贵州，北界湖北。省境南北长 774km，东西宽 667km，国土总面积 $211829km^2$，占全国国土总面积的 2.2%。

2.1.1 地形地貌

湖南省东、南、西三面环山，中部丘岗起伏，东北部湖泊平原，呈西高东低、南高北低、朝东北开口的不对称马蹄形盆地。雪峰山自西南向东北贯穿省境中部，把全省分为自然条件差异较大的山地和平原丘岗两部分。全省总面积中，山地占 51.2%，丘陵占 15.4%，岗地占 13.9%，平原占 13.1%，水面占 6.4%，构成以山丘地为主的地貌格局。

东面有幕阜山脉、连云山脉、九岭山脉、武功山脉和万洋山脉，走向大致呈东北-西南走向，是湘水和赣江水系的分水岭，山峰海拔大都超过 1000m。

南面是南岭山脉，走向大致呈东西走向，是长江和珠江水系的分水岭，山峰海拔也大都在 1000m 以上。

中南部的雪峰山山脉，是资水、沅水的分水岭。

西北为武陵山脉，呈东北-西南走向，是沅水、澧水的分水岭。海拔由北段的 $500\sim1000m$ 向南逐步抬升到 1500m。

北部为洞庭湖平原，地势平坦，河网发育，水道纵横，湖泊展布，海拔高程多在 50m 以下，是全省最平坦和地势最低的地区。

中部多为丘陵、岗地，有衡山山脉屹立其中，地势南高北低，除祝融峰外，海拔大部分在 500m 以下，从西南到东北逐步由山岗过渡到丘陵再到四水（湘水、资水、沅水、澧水）尾闾和洞庭湖冲积平原。

2.1.2 地质条件

湖南省地层出露齐全，自元古界的浅变质岩系到新生界及现代沉积均有广泛分布。各地分布的地层和岩性各异，全省出露的岩石主要有沉积岩、岩浆岩和变质岩三大类。武陵山脉和雪峰山脉，广泛分布寒武系浅变质岩，并有二叠系灰岩、三叠-侏罗系砂岩及白垩系第三系粉砂岩、泥岩、砂岩以及砾岩等，赋存裂隙水和岩溶水。湘西北主要发育寒武系、奥陶系、二叠系、三叠系的灰岩、白云质灰岩、泥质灰岩及砂岩页岩等，赋存岩溶水和裂隙水。湘西南主要为板溪群至奥陶系的浅变质岩，主要赋存裂隙水。湘中、湘南泥盆系至上三叠系以碳酸岩及碎屑岩为主，浅变质岩和花岗岩也有分布，赋存岩溶水和裂隙水。湘东中、新生界红层极为发育,浅变质岩、岩浆岩也有出露,赋存裂隙孔隙-裂隙水。湖区以河湖相近代沉积为主,主要赋存裂隙水。

湖南地质主要构造体系有东西向构造、南北向构造、华夏系构造、新华夏系构造,除上述4种构造体系外,还有"山"字形构造及旋扭构造。从地质构造形迹的空间分布看,复背斜、复向斜及次一级的褶皱构造等均有分布;断裂有压性、张性、压扭性、旋扭性等。褶皱与断裂组合成褶断带。

2.1.3 土壤植被

湖南省土壤种类繁多,共有8个土类、25个亚类。就水平分布看,大致沿武陵山和雪峰山东麓一线划分为东西两部分。西部以黄壤为主,东部以红壤为主。就垂直分布看,海拔700m以下的多为红壤,海拔700m以上的多为黄壤,而海拔在1000m以上的多为山地黄棕壤,在1600m以上分布有山地草甸土,湘中和湘南丘陵地区石灰土,湘水和沅水中游局部地区有紫色土,沅水、澧水下游有近代河湖相沉积物形成的水稻土。

红壤是省内主要地带性土壤,约占全省总面积的36.8%,多处于高温多雨地区的低山丘陵、盆地和河岸阶地,植被为亚热带常绿阔叶林和常绿阔叶混交林。在山地垂直带谱中,黄壤分布于山地红壤之上、黄棕壤之下,是山区的主要土壤,占全省面积的19.4%,一般有地带性植被覆盖,多为亚热带常绿阔叶林和常绿阔叶混交林。林内常见苔藓植物,无林地多为灌丛草地。石灰土多处于山麓坡地、谷地低平处,宜于多种林木生长。紫色土由于土层薄,肥力和保水性均低,一般植被覆盖较差。

2.2 水文气象特征

2.2.1 气象特征

湖南省地处亚热带季风湿润气候区,受季风环流和地形地貌条件的综合影响,气候特征具有四季分明、热量充足、雨量丰沛、春温多变、夏秋多旱、冬冷夏热、严寒期短及暑热期长的特点;同时具有年内、年际变化较大及气候类型多样等特征。

湖南气候主要受大气环流的影响,冬季盛吹偏北风,夏季盛吹偏南风。全省多年平均气温为17.0℃;就月平均气温而言,1月最低,平均为5.2℃,7月最高,平均为28.3℃;极端最高气温一般出现在7—8月,最低气温一般出现在1—2月,全省范围内极端最高、最低气温分别为43.8℃(益阳,1961年7月4日)和−18.1℃(临湘,1969年1月31日)。全省多年平均相对湿度为80%,多年平均日照时数为1537h,全年无霜期为270~300d。

根据湖南省水资源综合规划1956—2000年资料统计分析,全省多年平均年降水量为1450.0mm,但降水量时空分布不均匀,且年际变化较大,其特点如下。

(1)降水空间分布。全省降水量分布总的趋势是山区大于丘陵,丘陵大于平原,西、南、东三面山地降水量多,中部丘陵和北部洞庭湖平原少。全省平均降水量为1450.0mm,一般为1200~2000mm。山地多雨区一般在1600mm以上,少雨的丘陵、平原区降水量为 1200～1400mm，大部分丘陵区一般在 1400～1600mm 间。

（2）降水量年内分配。降水量年内分配不均匀，3 月下旬降水量逐渐增加，多年平均降水量汛期 4—9 月占全年的 68.1%，其中 4—8 月占全年的 62.3%。多年平均最大月降水一般出现在 5 月或 6 月。一般多年平均最大月降水量占全年降水量的 13%～20%，降水量特别不均匀的典型年份可达 40% 以上。多年平均最小月降水一般出现在 12 月。一般多年平均最小月降水量仅占全年降水量的 1.6%～4.0%，有些特别不均匀的典型年份最小月降水量为 0。最大月降水量一般是最小月降水量的 4～9 倍。

（3）降水量年际变化。各年的降水量差异较大。全省各雨量站最大年降水量一般为 1500～2500mm，最大年降水量超过 2500mm 的大多发生在山地，澧水上游八大公山站 1998 年降水量为 3697mm，为全省年降水量最大值。全省各雨量站最小年降水量一般在 800～1300mm 之间，湘水支流蒸水的茅洞桥站 1985 年降水量 597mm，为全省年降水量最小值。单站最大年降水量与最小年降水量比值大多为 1.70～2.50。

根据湖南省水资源综合规划的成果，全省 1980—2000 年多年平均水面蒸发量为 736.5mm，一般为 600～900mm，总的趋势是以雪峰山为界，东部大于西部。全省水面蒸发的高低值区分布，与年降水量的分布基本相反。一般是山区小，丘陵、平原大。水面蒸发的年内分配及年际变化：5—10 月蒸发量较大，占全年的 71.8%，以 7 月为最大，占 15.4%，以 1、2 月为最小，均为 3.3%。各站年水面蒸发量最大值与最小值的比值平均为 1.4，最大为 1.7，最小为 1.2。同时，系列中最大极值差为 406mm，最小极值差为 112.5mm。湖南省水面蒸发量的年际变化不大。陆地蒸发量的大小取决于供给蒸发的水量和蒸发能力两个主要因素，陆地蒸发随高程增加而减小。全省多年平均陆地蒸发量为 653mm。

2.2.2 水文特征

根据湖南省水资源综合规划 1956—2000 年统计成果，全省河川径流量 1682 亿 m^3（包括浅层地下水 366 亿 m^3）；另外，重庆、贵州、广东、广西、江西、湖北等省（自治区、直辖市）流入洞庭湖水系的客水 454 亿 m^3；还有长江通过松滋、藕池、太平三口注入洞庭湖的多年平均水量 923 亿 m^3。湘、资、沅、澧水控制站 1956—2000 年和 1956—2003 年实测多年平均年径流量成果见表 2.2.1。

表 2.2.1　　　　湘、资、沅、澧水控制站实测多年平均径流量成果

河流名称	湘水	资水	沅水	澧水	系列
站名	湘潭	桃江	桃源	石门	
流域面积/km²	81638	26704	85223	15307	
多年平均流量/(m³/s)	2059	720	2020	468	1956—2000 年
	2080	723	2030	470	1956—2003 年
多年平均年径流量/亿 m³	649	227	637	148	1956—2000 年
	657	228	641	148	1956—2003 年

1. 径流地区分布

径流主要靠降水补给，年径流的地区分布规律与年降水量分布规律大体相似，全省多年平均径流深为 794.0mm，地区差别大，在 500~1400mm 间变化。降水多的地区往往也是径流丰富的地区，一般山地多于丘陵、平原，全省地表径流超过 1000mm 的高值区有 5个，即澧水上游区、资水中下游区、捞刀河及浏阳河上游区、东江上游及洣水上游区、潇水上游与珠江武水上游区。低于 600mm 的低值区有 3 个，即洞庭湖湖区、衡邵区、沅水溆水及渠水上游区。

2. 径流的年际变化

根据实测资料进行分析，径流丰、枯周期平均为 19 年，最长达 36 年，最短的只有10 年，这一特征与降水量基本相似。全省极大值与极小值的倍比值变化在 2~6 倍间，平均值为 3.4，四水中又以湘江最大，一般在 2~6 倍间，平均值为 3.7。资水、沅水和澧水变化略小，一般在 2~5 倍间。径流的年际变化规律为山区变化小，丘陵、平原区变化大；湘水、资水和湖区变化大，沅水和澧水变化小。

3. 径流的年内变化

湖南省因季风环流影响，雨量多集中于春夏，河流相应出现汛期，多年平均连续最大4 个月径流一般出现在 4—7 月，湘水少数地区和洞庭湖区是 3—6 月，澧水大多数地区是5—8 月，这 4 个月的径流量一般占全年径流量的 55%~65%。湖南省汛期为 4—9 月，汛期径流量占全年径流量的 60%~80%。湖南省降雨量较少的是秋冬时期，河流相应出现枯水，多年平均连续最枯径流一般出现在 12 月至次年 2 月，这 3 个月的径流量占全年径流量的比例沅水和澧水一般小于 10%，湘水和资水在 10%~13% 内。

湖南省河流径流的月份分配不均，从全省平均情况看，以 6 月月径流最大，占全年径流量的 18.4%，其次是 5 月、7 月，分别占 16.2% 和 14.6%；12 月和 1 月最小，只占 2.9%。各流域也不尽相同，湘、资、沅三水 5 月最大。澧水 6 月最大。湘水 12 月最小，资、沅、澧三水则 1 月最小，一般最大月径流为最小月径流的 8 倍左右。

湖南省河流属雨洪河流，洪水来源于暴雨。湘、资、沅、澧以及汨罗江、新墙河洪水均具有山丘区洪水的特点，洪水陡涨陡落，峰高量大，汛期 4—9 月，年最大洪水多发生在 4—8 月。湘水洪水 5—6 月出现次数最多；资水柘溪以上洪水主要发生在 5—7 月，柘溪以下洪水主要发生在 7—8 月；沅水洪水 5—7 月发生次数最多；澧水洪水 6—8 月出现次数最多。

湖南省河流虽为少沙河流，但由于受流域自然地理特征、流域降水特性、人类活动等因素影响，各河流含沙量和输沙量差别较大。根据 1956—2003 年实测资料统计，湘、资、沅、澧四水多年平均悬移质含沙量以澧水最大，石门站为 0.365kg/m³；多年平均悬移质输沙量以沅水最大，桃源站为 1070 万 t/a。四水河道的输沙量情况见表 2.2.2。

河道泥沙主要来源于降水对流域表土的冲刷和侵蚀。湖南省降水主要集中在汛期，因此河流泥沙主要集中在汛期，约占全年输沙总量的 90%。

表 2.2.2　　　湘、资、沅、澧水控制站实测多年平均悬移质含沙量输沙量成果

河流名称	湘水	资水	沅水	澧水
站名	湘潭	桃江	桃源	石门
流域面积/km²	81638	26704	85223	15307
含沙量/(kg/m³)	0.145	0.079	0.164	0.365
年输沙量/万 t	964	188	1070	584

2.3　河流水系特征

湖南省河流众多,河网密布,5km 以上的河流有 5341 条,分属长江和珠江两大流域。其中属长江流域洞庭湖水系的有 5148 条。流域面积在 10000km² 以上的河流有 9 条,包括湘、资、沅、澧四水及湘水支流潇水、耒水、洣水和沅水支流潕水、酉水;流域面积为 5000～10000km² 的河流有 8 条,其中湘水流域 4 条,沅水流域 2 条,澧水流域 1 条,南洞庭湖区 1 条。全省河流水系分布情况见表 2.3.1,湖南省主要河流特征见表 2.3.2。洞庭湖水系概化图如图 2.3.1 所示。

表 2.3.1　　　　　　　　　湖南省河流水系情况

水　系		河长大于 5km 河流条数	面积大于 10000km² 河流条数	面积为 5000～10000km² 河流条数	面积为 1000～5000km² 河流条数
洞庭湖区合计		5148	9	8	37
其中	湘水	2157	4	4	19
	资水	771	1		6
	沅水	1491	3	2	8
	澧水	326	1	1	3
	洞庭湖区	403		1	1
其他水系合计		193			2
全省合计		5341	9	8	39

表 2.3.2　　　　　　　　　湖南省主要河流特征

水系	河名	发源地点	河口地点	流域面积/km²	河长/km	平均比降/‰	备注
洞庭湖	湘水 干流	广西临桂县海洋坪龙门界	湘阴县濠河口	94660 湖南省境内 85383	856	0.134	
	潇水	蓝山县野猪山南	永州市苹岛	12099	354	0.76	右岸支流
	舂陵水	蓝山县人形	常宁市菉河口	6623	223	0.76	右岸支流
	蒸水	邵东县雁鹅圳	衡阳市草桥	3470	194	0.54	左岸支流
	耒水	桂东县烟竹堡	衡阳市耒河口	11783	453	0.77	右岸支流
	洣水	炎陵县天障冲	衡山县洣河口	10305	296	1.01	右岸支流
	渌水	江西萍乡千拉岭	株洲县渌口镇	5675	166	0.49	右岸支流

水系	河名	发源地点	河口地点	流域面积/km²	河长/km	平均比降/‰	备注
洞庭湖	湘水 涟水	新邵县观音山	湘潭县湘河口	7155	224	0.46	左岸支流
	浏阳河	浏阳市横山坳	长沙市陈家屋场	4237	222	0.573	右岸支流
	捞刀河	浏阳市石柱峰	长沙市洋油池	2543	141	0.78	右岸支流
	沩水	宁乡县扶王山	望城县新康	2430	144	1.16	左岸支流
	资水 干流	城步县黄马界	益阳甘溪港	28142	湖南省境内 26738	653	
	夫夷水	广西资源县越城岭	邵阳县双江口	4554	248	0.82	右岸支流
	邵水	邵东县南冲	邵阳市沿江桥	2068	112	0.790	右岸支流
	沅水 干流	贵州省都匀县云雾山鸡冠岭	常德市德山	89163	湖南省境内 51066	1033	0.594	
	渠水	贵州省黎坪县地转坡	洪江市托口镇	6772	285	0.919	右岸支流
	㵲水	贵州省福泉县罗柳塘	洪江市黔城	10334	444	0.966	左岸支流
	巫水	广西北石坳	洪江区洪江瓷厂	4205	244	1.81	右岸支流
	溆水	溆浦县架枧田	溆浦县大江口	3290	143	0.191	右岸支流
	辰水	贵州省铜仁县漾头	辰溪县小路口	7536	145	0.555	左岸支流
	武水	花垣县老人山	泸溪县泸溪	3574	145	2.14	左岸支流
	酉水	湖北省宣恩县酉源山	沅陵县张飞庙	18530	477	1.05	左岸支流
	澧水 干流	湖南桑植县杉木界	津市小渡口	18496	湖南省境内 15505	388	0.788	
	溇水	湖北鹤峰县七垭	慈利县城	5048	250	2.11	左岸支流
	溇水	石门县泉坪门坎岩	石门县三江口	3201	165	1.48	左岸支流
	汨罗江	江西修水县梨树㟷	汨罗县磊石山	5543	233	0.460	
	新墙河	平江县宝贝岭	岳阳县荣家湾	2370	108	0.718	
北江	武水	湖南临武县三峰岭	罗家渡流入广东	4289	湖南省境内 3793	147	1.49	

洞庭湖水系流域面积占湖南省面积的 96.6%，只有 3.4% 的面积属于珠江流域和长江流域的鄱阳湖、黄盖湖水系。省内湘水、资水两大水系是由南向北，沅水自西南向东北，澧水自西向东，新墙河与汨罗江由东向西分别注入洞庭湖。松滋、太平、藕池三口分泄长江洪水，自北向南汇入洞庭湖。洞庭湖位于湖南省东北部，地跨湘、鄂两省，是我国的第二大淡水湖。天然湖泊面积 2691km²，其中洪道面积 1258km²，海拔一般为 25～50m。洞庭湖接纳"四水""三口"来水后，于岳阳城陵矶汇入长江，北通巫峡，南及潇湘，形成以洞庭湖为中心的辐射状水系。

2.3.1 四水水系

（1）湘水。湘水是长江七大支流之一，也是洞庭湖水系最大的河流。它源于广西临桂

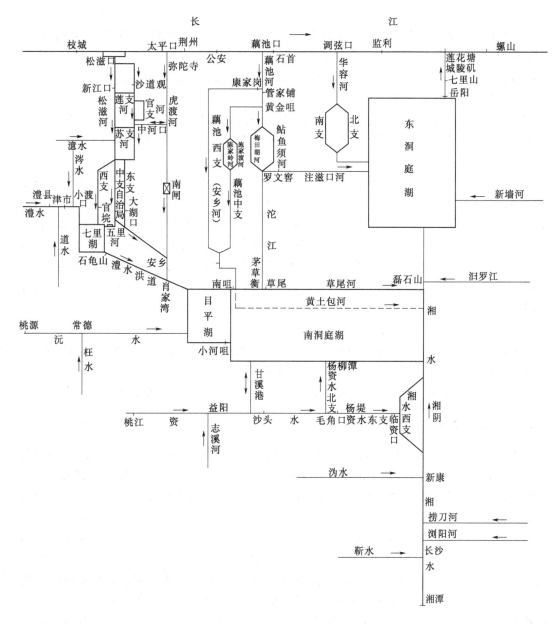

图 2.3.1 洞庭湖区水系概化图

县海洋山，经兴安、全州，在东安县进入湖南，流经永州、衡阳、株洲、湘潭、长沙等市县，在湘阴县濠河口分两支注入洞庭湖，全长 856km（湖南境内 670km），流域面积 94660km²（湖南省境内 85383km²），河流平均坡降为 0.134‰。湘水流域水系发育，支流众多，且左右两岸不对称，主要支流潇水、春陵水、耒水、洣水、渌水和浏阳河都来自南面及东面山地，由右岸汇入，河流较长，集水面积大，水量较丰富；而西面的支流如祁水、蒸水、涓水、涟水、沩水从左岸汇入，除涟水流域面积在 5000 km² 以上外，其余河流流域面积均不大，河长较短，水量也不及右岸支流丰富。湘水在湖南省境内 5km 以上的河流共 2157 条。

（2）资水。在邵阳县双江口以上分左右两支。右支夫夷水发源于广西资源县越城岭，流域面积 4554km²，河长 248km；左支赧水发源于湖南省城步县青界山黄马界，流域面积 7103km²，河长 188km。两河汇合后，流经邵阳市和新邵、冷水江、新化、安化、桃江等地，于益阳甘溪港注入洞庭湖。资水河长 653km，流域面积 28142km²（省内面积 26738km²）。资水穿行于山地和丘陵之间，由于两岸山脉逼近，支流大多短小，集水面积不大，大于 2000km² 的仅平溪河、夫夷水、邵水等 3 条。5km 以上河流共 821 条，在湖南省境内有 771 条。

（3）沅水。沅水是湖南省第二条大河，有南北两源。南源龙头江发源于贵州省都匀县的云雾山，北源重安江发源于贵州省麻江县平越大山，两源汇合后称清水江，至銮山入湖南省芷江县，东流至黔城与潕水汇合后始称沅水。经会同、洪江、怀化、溆浦、辰溪、泸溪、沅陵、桃源、常德等地，于常德德山注入洞庭湖。河流全长 1033km（省内 568km），流域面积 89163km²（省内 51066km²）。流域四周高原山地环绕，河网发育，支流众多，流域面积大于 5000km² 的有渠水、潕水、辰水、酉水等 4 条，省内 5km 以上的支流有 1491 条。

（4）澧水。澧水为湖南省"四水"中最小的河流，有南、中、北三源，北源为主干，出自桑植县杉木界，与中、南二源汇合于南岔，途经桑植、张家界、慈利、石门等县市，于津市小渡口注入洞庭湖。澧水河道全长 388km，流域面积 18496km²（省内 15505km²）。流域面积大于 3000km² 的主要支流仅有溇水、溹水两条，5km 以上的支流有 326 条。

2.3.2　三口水系

松滋河是由松滋口分流入湖的泄洪道，为 1870 年长江大洪水冲开南岸堤防所形成。松滋口到大口河段长度为 22.7km。松滋河在大口分为东西两支，西支在湖北省内自大口经新江口、狮子口到杨家垱，长约 82.9km；西支从杨家垱进入湖南省后在青龙窖分为官垸河和自治局河。官垸河自青龙窖经官垸、濠口、彭家港于张九台汇入自治局河，长约 36.3km；自治局河又称为松滋河中支，自青龙窖经三岔脑、自治局、张九台于小望角与东支汇合，长约 33.2km。东支在湖北省境内自大口经沙道观、中河口、林家厂到新渡口进入湖南省，长约 87.7km；东支在湖南省境内部分又称为大湖口河，由新渡口经大湖口、小望角在新开口汇入松虎合流段，长约 49.5km。松虎合流段由新开口经小河口于肖家湾汇入澧水洪道，长约 21.2km。此外，还有 7 条串河分别为：沙道观附近西支与东支之间的串河莲支河，长约 6km；南平镇附近西支与中支之间的串河苏支河，长约 10.6km；曹咀垸附近松东河串河官支河，长约 23km；中河口附近东支与虎渡河之间的串河中河口河，长约 2km；尖刀咀附近东支和西支之间的串河葫芦坝串河（瓦窑河），长约 5.3km；官垸河与澧水洪道之间分别在彭家港、濠口附近的两条串河，分别长约 6.5km、14.9km。

虎渡河自太平口分流经弥陀寺、黄金口、闸口、黄山头节制闸（南闸）、董家垱到新开口与松滋河合流后经松虎合流段汇入西西洞庭湖，虎渡河全长约 136.1km。

藕池河于荆江藕池口分泄长江水沙进入洞庭湖，水系由一条主流和 3 条支流组成，跨越湖北公安、石首和湖南南县、华容、安乡五县（市），洪道总长332.8km。主流即东支，自藕池口经管家铺、黄金咀、梅田湖、注滋口入东洞庭湖，全长94.3km；西支也称安乡河，从藕池口经康家岗、下柴市与中支合并，长70.4km；中支由黄金咀经下柴市、厂窖、至茅草街汇入南洞庭湖，全长74.7km；另有一支沱江，自南县城关至茅草街连通藕池东支和南洞庭湖，河长41.2km；此外，陈家岭和鲇鱼须河分别为中支和东支的分汊河道，长度分别为24.3km和27.9km。沱江已建闸控制。

2.3.3 其他河流

汨罗江发源于江西省修水县，在平江县进入湖南省，至屈原农场磊石山注入洞庭湖。汨罗江全长233km，流域面积5548km²（湖南境内5400km²）。新墙河发源平江县宝贝岭，至岳阳箕口与油港河汇合，在岳阳荣家湾入洞庭湖，河长108km，流域面积2370km²。

2.3.4 湖泊

洞庭湖西高东低，被分为东洞庭湖、南洞庭湖、西洞庭湖（由目平湖、七里湖组成），自西向东形成一个倾斜的水面。

2.4 水资源开发利用状况

据2015年湖南省水资源公报统计，地表水资源量按流域分区统计，主要河流天然径流与多年平均比较，湘水、资水、沅水、澧水、洞庭湖区分别偏多18.8%、5.0%、9.3%、1.8%、11.2%。按流域分区供水量统计，洞庭湖水系总供水量为322.08亿m³，其中湘水总供水量169.37亿m³，资水总供水量为39.08亿m³，沅水总供水量为40.12亿m³，澧水总供水量为15.21亿m³，湖区总供水量为47.52亿m³，洞庭湖水系地表水、地下水具体详情见表2.4.1。

表2.4.1   洞庭湖水系供用水量   单位：亿m³

分区	用水量						供水量		
	农业	工业	居民生活	城镇公共	生态环境	合计	地表水	地下水	合计
湘水	94.68	50.21	15.65	7.25	1.58	169.37	161.83	7.52	169.37
资水	23.35	10.06	4.48	0.93	0.27	39.08	36.5	2.59	39.08
沅水	25.67	8.33	4.39	1.37	0.35	40.12	38.74	1.38	40.12
澧水	9.65	3.74	1.2	0.48	0.14	15.21	14.39	0.82	15.21
湖区	28.69	14.24	3.33	1.02	0.24	47.52	44.65	2.87	47.52
其他	8.12	1.39	1.03	0.19	0.05	10.78	10.16	0.62	10.78
合计	190.16	87.97	30.08	11.24	2.63	322.08	306.27	15.8	322.08

据水资源公报统计，2015年湖南省水资源总量为1919亿m³，较多年平均偏多13.6%，总用水量为330.4m³，水资源利用率（河道外用水量占多年平均水资源总量的比例）为

19.6％。其中湘水、资水、沅水、澧水四大河流分别为 24.3％、26.8％、10.1％、11.4％，四大河流中湘水利用率最高，沅水的利用率最低。14 个市（州）中湘潭市利用率最高，张家界市的利用率最低。

2.5 洞庭湖湿地重要性

洞庭湖区气候温暖湿润，四季分明，优越的水热条件，孕育了丰富的生物资源。根据有关资料，洞庭湖区水生高等植物 311 种，浮游藻类有 98 属，浮游动物 90 种，底栖动物 67 种，鱼类 11 目 22 科 119 种，鸟类 16 目 43 科 216 种，水生哺乳类动物 8 目 13 科 22 种。洞庭湖区的重要湿地主要有东洞庭湖湿地、南洞庭湖湿地、西洞庭湖湿地、横岭湖湿地，其中东洞庭湖湿地被列入《关于特别是作为水禽栖息地的国际重要湿地公约》的《国际重要湿地名录》。自 20 世纪 80 年代以来，洞庭湖区分别建立了东洞庭湖国家级自然保护区、南洞庭湖省级自然保护区、西洞庭湖国家级自然保护区和横岭湖省级自然保护区等 4 个自然保护区。洞庭湖区的国家一级保护动物有白鹤、白头鹤、白鹳、黑鹳、大鸨、中华秋沙鸭、东方白鹳、黑鹳、白尾海雕、白鹤、白头鹤、大鸨、游隼 13 种，二级保护动物有天鹅、白琵鹭、鸿雁等 35 种；国家 Ⅰ 级保护植物有水杉、银杏，Ⅱ 级保护植物有翠柏、马蹄参、野大豆、八角莲等 30 种。洞庭湖的国家一级保护鱼类有中华鲟、白鲟，还是国家重点保护野生动物江豚和麋鹿的避难所和后花园。洞庭湖湿地不仅具有国际重要意义的生物多样性保护价值，而且是长江流域最重要的洪水调节湖泊，对于维护长江中下游的防洪与生态安全具有重要意义。

第3章　洞庭湖流域水生态环境调查评价

3.1　主要评价河流与湖泊湿地

3.1.1　主要评价河流

湖南省河流众多，河网密布，5km 以上的河流有 5341 条，分属长江和珠江两大流域，其中属长江流域洞庭湖水系的有 5148 条。本次主要河流范围拟对湘、资、沅、澧四水干流及荆南三河进行评价。湖南省河流水系分布情况见表 3.1.1。

表 3.1.1　　　　　　　　　　　　湖南省河流水系分布情况

水系	河　名		发源地点	河口地点	流域面积/km²		河长/km	平均比降 /‰	水文站站点
洞庭湖水系	湘水	干流	广西临桂县海洋坪龙门界	湘阴县濠河口	94660	湖南省境内 85383	856	0.134	湘潭
	资水	干流	城步县黄马界	益阳甘溪港	28142	湖南省境内 26738	653		桃江
	沅水	干流	贵州省都匀县云雾山鸡冠岭	常德市德山	89163	湖南省境内 51066	1033	0.594	桃源
	澧水	干流	湖南桑植县杉木界	津市小渡口	18496	湖南省境内 15505	388	0.788	石门
	松滋河								新江口
	松滋河								沙道观
	虎渡河								弥陀寺
	藕池河								管家铺
	藕池河								康家岗

3.1.2　主要评价湖泊

本次主要根据湖南省政府批复的《湖南省主体功能区规划》（湘政发〔2012〕39 号文），全省主要评价湖泊湿地分布情况见表 3.1.2。

表 3.1.2   湖南省湖泊湿地分布情况

序号	湿地名称	类型	批注年份	面积/km²	级 别	地理位置
1	东洞庭湖湖泊湿地	湖泊湿地	1992	1900	国际重要湿地	岳阳市
2	西洞庭湖湖泊湿地	湖泊湿地	2002	356.8	国际重要湿地	常德汉寿县
3	南洞庭湖湖泊湿地	湖泊湿地	2002	1680	国家重要湿地	益阳沅江市

3.2   主要河湖水文调查评价

3.2.1   洞庭湖水位变化

洞庭湖地势西高东低，被分成东洞庭湖、南洞庭湖和西洞庭湖，自西向东形成一个倾斜的水面。项目选取城陵矶七里山站、杨柳潭站和南咀站，分别代表东洞庭湖、西洞庭湖和南洞庭湖，目平湖代表水位站，分析湖区水位变化趋势。

依据 1961—2010 年水位监测数据，实测七里山站、杨柳潭站和南咀站多年平均水位分别为 23.00m、27.20m 和 28.26m，年均最高水位分别为 24.92m、28.44m 和 29.22m，年均最低水位为 21.04m、26.43m 和 27.26m；日最高水位分别为 33.98m、34.77m 和 35.71m，日最低水位分别为 15.36m、24.58m 和 25.48m。从水位变幅来看，东洞庭湖水位年内、年际间变幅最大，目平湖水位年内、年际间变幅最小。洞庭湖水位特征值见表 3.2.1。

表 3.2.1   洞 庭 湖 水 位 特 征 值   单位：m

水位站	年均最高	年均最低	多年平均	日最高	日最低
七里山站	24.92	21.04	23.00	33.98	15.36
杨柳潭站	28.44	26.43	27.20	34.77	24.58
南咀站	29.22	27.26	28.26	35.71	25.84

洞庭湖水位受湘、资、沅、澧四水来水、长江上游来水以及自然演变和人类活动带来的江湖关系变化等多因素影响。其中下荆江裁弯工程包括中洲子裁弯、上车湾裁弯和六合垸河口狭颈漫流的自然裁弯（1967—1972 年），葛洲坝水利枢纽工程蓄水（1981 年）和三峡水库蓄水（2003 年）。为甄别不同年代洞庭湖水位变化的主要驱动力，将 1961—2010 年划分为 6 个阶段进行分别统计，见表 3.2.2。从表中数据分析可知，三峡水库蓄水前与下荆江裁弯前相比，七里山站水位上升了 1.05m，杨柳潭站平均水位上升了 0.34m，南咀站水位无变化。尽管三峡水库蓄水运用后与三峡水库蓄水运用前相比，洞庭湖水位有所降低，但七里山站水位仍比下荆江裁弯前抬高了 0.53m，南咀站水位下降了 0.39m。

三峡水库蓄水运用后与下荆江裁弯前相比，长江上游来水减少了 728 亿 m³，三口入湖水量减少了 935 亿 m³，四水入湖水量相差不大，螺山站来水减少近 680 亿 m³，减少了 10%。但七里山站的水位不降反升、杨柳潭站水位变化不大，南咀站水位有所降低。初步分析原因如下。

表 3.2.2   不同时间段洞庭湖水位对比

时间/年	多年平均水位/m			多年平均水量/亿 m³		
	七里山站	杨柳潭站	南咀站	枝城站水量	三口入湖流量	四水入湖水量
1961—1966	22.49	27.05	28.37	4806	1435.1	1567
1967—1972	22.33	27.02	28.25	4287	1021.6	1727
1973—1980	22.75	27.24	28.29	4430	812.6	1699
1981—1998	23.37	27.32	28.34	4438	698.6	1703
1999—2002	23.55	27.39	28.37	4454	625.3	1815
2003—2010	23.02	27.02	27.98	4078	500.3	1552

（1）洞庭湖萎缩淤积，有效容积减少。中华人民共和国成立后，为了缩短湖区防洪堤线，进行了大规模围湖垦殖工程，洞庭湖面积急剧萎缩，1958 年洞庭湖主湖区面积约 3141km²，到 1978 年围垦基本结束洞庭湖主湖区面积约 2740km²，现状洞庭湖主湖区面积约为 2625km²。根据相关研究，1950—2002 年，洞庭湖容积损失对七里山站年最高水位的平均抬高值为 0.6m。

（2）下荆江裁弯后至三峡水库蓄水运用前，城汉河段淤积，同流量水位上升，而螺山站水位与七里山站水位相关性好，七里山站水位也随之上升。2008 年与 1966 年相比，螺山站流量为 10000～30000m³/s 时，对应水位上升了 1～1.2m，七里山站水位随着螺山站水位的上升而上升。洞庭湖地形西高东低，当湖区水位整体较高时，七里山站水位抬高对南洞庭湖水位有一定的壅水影响，当湖区水位较低时，壅水作用不明显，南洞庭湖、西洞庭湖水位主要受四水来水影响。城汉河段淤积对七里山站水位的抬升作用大于对杨柳潭站和南咀站水位的影响。

（3）三峡水库蓄水后松滋河分流锐减。三峡水库蓄水后与下荆江裁弯前相比，松滋河年均分流量减少了 234 亿 m³。南咀站位于松滋河尾闾下游，水位受松滋河分流影响显著，随着松滋河分流量的减少，南咀站水位也相应降低。

3.2.2 湘、资、沅、澧四水入湖水量变化

湘、资、沅、澧四水是洞庭湖入湖水量的重要组成部分，流域面积 17.87 万 km²，占洞庭湖水系总面积的 87%；多年平均入湖水量 1669 亿 m³，占总入湖水量的 60% 左右。湘水是洞庭湖水系流域面积最大的河流，入湖控制水文站为湘潭站，实测多年平均入湖水量 658 亿 m³，占四水总入湖水量的 39.4%；年最大入湖水量 1035 亿 m³，年最小入湖水量 281 亿 m³，极值比为 3.69，是四水中年际变化最大的河流。资水入湖控制水文站为桃江站，实测多年平均入湖水量 227 亿 m³，占四水总入湖水量的 13.6%；年最大入湖水量 359 亿 m³，年最小入湖水量 235 亿 m³，极值比为 2.65。沅水入湖控制水文站为桃源站，实测多年平均入湖水量 635 亿 m³，占四水入湖总量的 38.1%，年最大入湖水量 859 亿 m³，年最小入湖水量 235 亿 m³，极值比为 1.91，是四水中年际变化最小的河流。澧水入湖控制水文站为石门站，实测多年平均入湖水量 145 亿 m³，占四水入湖总量的 8.7%，年最大入湖水量 251 亿 m³，年最小入湖水量 83 亿 m³，极值比为 3.02。澧水是四水中入

湖水量最小的河流。四水入湖水量统计特征值见表 3.2.3 和表 3.2.4。

表 3.2.3　　湘、资、沅、澧四水入湖径流统计特征值（1959—2010 年）

水文站点	年入湖径流量/亿 m³			年最大径流量值/年最小径流量值	C_v
	年平均值	年最大值	年最小值		
湘水湘潭站	658	1035	281	3.69	0.240
资水桃江站	227	359	135	2.65	0.198
沅水桃源站	635	859	449	1.91	0.170
澧水石门站	145	251	83	3.02	0.282

表 3.2.4　　湘、资、沅、澧四水径流年内分配情况（1959—2010 年）

水系径流		1月	2月	3月	4月	5月	6月	7月	8月	9月	10月	11月	12月	合计
湘水	径流量/亿 m³	26	36	60	94	111	106	63	49	33	28	28	24	658
	占比/%	4.0	5.5	9.2	14.3	16.9	16.2	9.6	7.4	5.1	4.2	4.2	3.6	100.0
资水	径流量/亿 m³	10	12	20	27	34	34	27	19	13	11	12	10	227
	占比/%	4.4	5.5	9.0	11.9	14.8	14.8	11.7	8.2	5.6	4.7	5.3	4.2	100.0
沅水	径流量/亿 m³	19	22	39	68	102	116	97	53	36	32	32	20	635
	占比/%	2.9	3.5	6.1	10.7	16.1	18.2	15.3	8.4	5.7	5.1	5.0	3.1	100.0
澧水	径流量/亿 m³	3	4	9	14	20	25	27	15	9	8	7	4	145
	占比/%	2.2	3.0	6.0	9.5	14.1	16.9	18.7	10.2	6.5	5.6	4.8	2.6	100.0

注　占比（%）指月径流量占年径流量的比值。

1959—2009 年，湘水、资水年径流量呈上升态势，沅水、澧水年径流量呈下降态势，四水入湖总水量呈上升态势。

3.2.3　荆江三口水文变化

荆江三口分流长江上游来水入湖水量是洞庭湖来水量的另一个重要来源。长江上游来水量、来水过程和荆江三口分流能力是影响荆江三口分流量的重要因素。荆江三口分流能力受江湖关系自然演变、下荆江系统裁弯、三峡和葛洲坝运用等强人类活动的影响。在自然演变和强人类活动影响下，荆江三口分流能力显著降低、三口分流量呈减少态势。

3.2.3.1　入湖水量变化

项目以重大水利工程建设为节点，将 1959—2013 年划分为 5 个时间段段。第一阶段：下荆江裁弯以前（1959—1966 年）；第二阶段：下荆江裁弯期（1967—1972 年）；第三阶段：裁弯后至葛洲坝截流之前（1973—1980 年）；第四阶段：葛洲坝运用影响期到三峡水库蓄水前（1981—2002 年）；第五阶段：三峡工程运用后（2003—2013 年）。

1959—2013 年荆江三口实测多年平均入湖水量 798 亿 m³，占同期总入湖水量的 28%。其中，松滋河西支和东支、虎渡河、藕池河东支和西支实测多年平均径流量分别为 293.9 亿 m³、94.1 亿 m³、145.6 亿 m³、248.9 亿 m³ 和 15.5 亿 m³。长江上游来水、荆江三口分流入湖水量呈现出减少的态势。

(1) 1959—2013 年荆江三口分流入湖水量减少趋势显著，三峡水库蓄水后与下荆江裁弯前两阶段相比，枝城站年径流量减少了 564 亿 m³，减少幅度为 12%；三口合计分流量减少了 851.2 亿 m³，减少幅度为 64%，年平均减少 18.9 亿 m³。

(2) 从分阶段三口分流入湖水量变化来看（表 3.2.5），下荆江裁弯期和下荆江裁弯后两个阶段（共 14 年）三口入湖水量减少幅度最大，期间三口年平均分流量减少近 501.5 亿 m³，占减少总量的 58.9%，年均减少 35.8 亿 m³；下荆江裁弯后至三峡水库蓄水运用前（共 22 年），三口分流量仍呈逐年减少趋势，但变化幅度已逐渐趋缓，期间三口分流量减少了 209 亿 m³、年平均减少 9.5 亿 m³；三峡水库运用后，三口分流量减少幅度进一步扩大，期间三口分流量减少 140.7 亿 m³、年平均减少 12.8 亿 m³。

表 3.2.5　　　　　　　　　荆江三口分时段多年平均径流量　　　　　　单位：亿 m³

| 时间/年 | 枝城 | 松滋口 | | 太平口 | 藕池口 | | 三口合计 |
		新江口	沙道观	弥陀寺	管家铺	康家岗	
1959—1966	4632	330.6	159.3	215.4	584.7	45.7	1335.7
1967—1972	4328	321.5	123.9	185.8	368.8	21.4	1021.4
1973—1980	4474	322.5	104.8	159.9	235.7	11.3	834.2
1981—2002	4463	291.7	79.0	132.0	172.5	10.0	685.2
2003—2013	4068	235.5	52.9	90.0	101.8	4.3	484.5

(3) 从三口五站分流量变化来看，藕池西支管家铺站年水量减少最多，下荆江裁弯前至 2013 年，已由 584.7 亿 m³ 下降至 101.8 亿 m³，松滋西支新江口站水量减少幅度最小，由下荆江裁弯前的 330.6 亿 m³ 减少到 2013 年的 235.5 亿 m³。三峡水库运用后与下荆江裁弯前相比，新江口站、沙道观站、弥陀寺站、管家铺站和康家岗站年平均水量分别减少 95.1 亿 m³、106.4 亿 m³、125.4 亿 m³、482.9 亿 m³ 和 41.4 亿 m³，分别占三口五站总减少量的 11.1%、12.5%、14.7%、56.7% 和 4.86%。

从年内各月水量变化来看（表 3.2.6），三峡水库蓄水后与下荆江裁弯前两阶段相比，长江汛期（6—10 月）三口分流量减少量远大于非汛期。汛期三口分流量减少了 719.3 亿 m³，占年减少量的 84.5%，非汛期水量减少 132 亿 m³，占年减少量的 15.5%。6—9 月水量减少幅度为 56%～65%，10 月至次年 3 月水量减少幅度在 70%～90% 之间。

表 3.2.6　　　　　　　　　　　荆江三口合计分流量　　　　　　　　单位：亿 m³

| 阶段 | 汛期分流量 | | | | | 非汛期分流量 | | | | | | | 合计 |
	6 月	7 月	8 月	9 月	10 月	11 月	12 月	1 月	2 月	3 月	4 月	5 月	—
下荆江裁弯前	133.9	307.0	291.7	260.8	167.9	63.6	16.1	3.6	1.3	4.7	17.8	67.3	1335.7
三峡水库运用后	58.2	143.7	120.4	92.1	27.6	11.1	1.1	0.5	0.4	0.7	3.6	25.0	484.4
减少量	75.7	163.2	171.3	168.7	140.3	52.5	15.0	3.0	0.9	4.0	14.2	42.3	851.1
减少幅度/%	56.6	53.2	58.7	64.7	83.6	82.5	92.9	85.2	69.9	84.3	79.8	62.9	63.7

3.2.3.2　断流天数变化

荆江河段冲刷下切，荆江三口分流量逐渐减少，三口口门段及荆南三河逐渐淤积萎缩造成三口通流水位抬高，沙道观、弥陀寺、藕池管家铺、藕池康家岗四站连续多年出现断流，且断流天数逐渐增加。实测最枯水年 2006 年沙道观、管家铺断流期长达半年以上，康家岗站甚至断流累积长达 336d。荆江三口控制站多年平均断流天数及断流时枝城相应流量统计见表 3.2.7。

表 3.2.7　　　　三口控制站多年平均断流天数及断流时枝城相应流量统计

时间/年	多年平均年断流天数/d				断流时枝城相应流量/(m³/s)			
	沙道观	弥陀寺	藕池（管）	藕池（康）	沙道观	弥陀寺	藕池（管）	藕池（康）
1956—1966	0	35	17	213	—	4292	3925	13070
1967—1972	0	3	80	241	—	3470	4958	15950
1973—1980	71	70	145	258	4660	5180	7790	18350
1981—2002	171	155	167	248	8650	7679	8358	17562
2003—2013	202	146	189	267	7849	6873	7587	10838

3.2.3.3　水位变化分析

由于长江泄水不畅，洞庭湖区泥沙淤积严重，河道湖泊形态变化等汇流机制已经发生了转变，使湖区洪水水位在不断攀升，洪水滞时不断延长，水情日益恶化，各控制站洪水位普遍抬高。近年来三口水系实际发生的洪水位已经多次超过了《洞庭湖区综合治理近期规划报告》确定的设计洪水位。1998 年洪水，三口河系各控制站最高水位全面超过防洪设计水位，此外，1996 年、1999 年、2002 年、2003 年，三口河系地区多个控制站最高水位均超过防洪设计水位。特别是湖南境内河道，实际发生最高洪水位均超过设计水位 1m 以上。实测最高水位超过设计洪水位情况详见表 3.2.8。

表 3.2.8　　　　　　　　实测最高水位超过设计洪水位情况

水系	站名	设计洪水位/m	超过次数	超过设计洪水位年份
松滋河东支	沙道观	43.40	1	1998 年
	大湖口	38.12	2	1998 年、2003 年
松滋河中支	自治局	38.36	3	1991 年、1998 年、2003 年
	安乡	37.19	3	1996 年、1998 年、2003 年
松滋河西支	新江口	44.01	1	1998 年
	瓦窑河	39.61	2	1998 年、2003 年
	官垸	39.55	2	1998 年、2003 年
五里河	汇口	38.81	2	1998 年、2003 年
虎渡河	弥陀寺	42.39	2	1998 年、1999 年
松虎合流	肖家湾	34.87	2	1996 年、1998 年
藕池河西支	康家港	37.87	2	1998 年、1999 年
藕池河中支	管家铺	37.50	2	1998 年、1999 年
	厂窖	34.53	2	1996 年、1998 年
西洞庭湖	南咀	34.20	5	1996 年、1998 年、1999 年、2002 年、2003 年
藕池河东支	罗文窖	34.41	4	1996 年、1998 年、1999 年、2002 年

3.3　主要河湖水环境调查评价

近年来，由于洞庭湖流域社会经济的飞速发展，以及长江三口水系河道淤塞和三峡调蓄的影响，洞庭湖出现了湖泊萎缩、水沙失衡和调蓄功能下降等问题，湖泊生态环境日益遭受破坏。特别是随着流域内工业化、城镇化和农业产业化的推进，污染排放量越来越大，尤其造纸、纺织与农业面源造成的污染，给洞庭湖水环境带来了巨大的负荷，加剧了对湖泊生态环境的破坏。

3.3.1　近五年洞庭湖水质现状总体评价

根据洞庭湖形态、水文特征及例行监测点位等因素，在湖区划定了 3 个具有代表性的水域，分别为西洞庭湖、南洞庭湖和东洞庭湖。分别采用 2011 年、2012 年、2013 年和 2015 年洞庭湖水环境常规监测数据进行现状评价。选择主要评价因子为化学需氧量（COD_{Cr}）、氨氮（NH_3-N）、总氮（TN）和总磷（TP）。各监测点的数据见表 3.3.1。

表 3.3.1　　　洞庭湖典型湖区水质监测结果（平均值）（2011—2015 年）　　　单位：mg/L

年份	点 位 名 称		NH_3-N	COD_{Cr}	TN	TP	水质
2011	西洞庭湖	南咀	0.246	6.86	1.569	0.125	V
		目平湖	0.187	8.32	1.37	0.11	V
		小河咀	0.23	5.01	1.479	0.1	V
	南洞庭湖	万子湖	0.231	6.19	1.445	0.097	IV
		横岭湖	0.232	12.47	1.226	0.086	IV
		虞公庙	0.443	11.57	2.151	0.104	劣 V
	东洞庭湖	漉角	0.366	11.01	1.816	0.107	V
		东洞庭湖	0.381	6.51	1.858	0.112	V
		岳阳楼	0.509	6.858	1.925	0.118	V
2012	西洞庭湖	南咀	0.406	9.22	1.81	0.101	V
		目平湖	0.283	8.28	1.689	0.069	V
		小河咀	0.223	8.91	1.99	0.092	V
	南洞庭湖	万子湖	0.199	8.04	1.595	0.073	V
		横岭湖	0.184	10.46	1.924	0.07	V
		虞公庙	0.384	9.51	2.464	0.073	劣 V
	东洞庭湖	漉角	0.321	9.74	1.983	0.084	V
		东洞庭湖	0.336	7.76	1.936	0.086	V
		岳阳楼	0.397	6.980	2.074	0.085	劣 V
2013	西洞庭湖	南咀	0.198	9.59	1.5	0.093	V
		目平湖	0.169	9.22	1.451	0.085	IV
		小河咀	0.139	10.63	1.404	0.073	IV

年份	点 位 名 称		NH₃-N	CODcr	TN	TP	水质
2013	南洞庭湖	万子湖	0.168	10.1	1.463	0.085	Ⅳ
		横岭湖	0.257	10.3	1.766	0.077	Ⅴ
		虞公庙	0.348	9.22	2.309	0.085	劣Ⅴ
	东洞庭湖	漉角	0.35	9.66	1.845	0.095	Ⅴ
		东洞庭湖	0.327	9.72	2	0.069	劣Ⅴ
		岳阳楼	0.270	8.069	1.971	0.068	Ⅴ
2014	西洞庭湖	南咀	0.189	11.46	1.75	0.1	Ⅴ
		目平湖	0.155	10.92	1.612	0.093	Ⅴ
		小河咀	0.122	11.69	1.526	0.079	Ⅴ
	南洞庭湖	万子湖	0.188	11.83	1.778	0.091	Ⅴ
		横岭湖	0.136	11.54	1.692	0.083	Ⅴ
		虞公庙	0.298	10.78	2.209	0.085	劣Ⅴ
	东洞庭湖	漉角	0.235	10.51	2.054	0.085	劣Ⅴ
		东洞庭湖	0.321	10.89	2.138	0.097	劣Ⅴ
		岳阳楼	0.256	11.45	2.026	0.097	劣Ⅴ
2015	西洞庭湖	南咀	0.142	9.47	1.707	0.079	Ⅴ
		目平湖	0.125	9.11	1.733	0.078	Ⅴ
		小河咀	0.119	10.22	1.764	0.076	Ⅴ
	南洞庭湖	万子湖	0.127	10.57	1.786	0.08	Ⅴ
		横岭湖	0.174	8.77	2.211	0.076	劣Ⅴ
		虞公庙	0.238	8.5	2.599	0.079	劣Ⅴ
	东洞庭湖	漉角	0.206	9.61	2.256	0.084	劣Ⅴ
		东洞庭湖	0.232	9.83	2.203	0.093	劣Ⅴ
		岳阳楼	0.223	8.94	2.22	0.132	劣Ⅴ
评价标准（Ⅲ类）			1.0	20	1.0	0.05	

注　数据源于湖南省监测站。

从表 3.3.1 可知，2011—2015 年湖区各常规监测点位水质均存在超标现象，超标项目主要为 TN、TP，其他监测结果均符合《地表水环境质量标准》（GB 3838—2002）表 1中Ⅲ类标准要求。其中 TN 浓度较高的点位主要集中在南洞庭湖和东洞庭湖，特别是南洞庭湖的虞公庙水域，超标最高达 2.5 倍。TP 浓度较高的点主要集中在西洞庭湖和东洞庭湖水域，特别是西洞庭湖南咀水域，超标最高达 2.5 倍；东洞庭湖的岳阳楼水域超标最高达 2.6 倍。

总体上讲，2011 年以来，水质有波动，但全湖 TN、TP 仍普遍、持续超标，除此之外的其余指标均能维持在Ⅲ类标准；东、南、西湖区水质优劣差别不明显。

3.3.2 近五年洞庭湖丰、枯水期水质类别变化特征

对近年来洞庭湖区常规水质监测资料的综合分析表明，洞庭湖水质总体呈下降趋势。洞庭湖水质污染特点：①汛期优于非汛期（平水期略优于丰水期优于枯水期），汛初水质较差；但因汛初期雨水冲刷，面源污染较重，个别年份的个别断面的丰水期初期水质劣于枯水期；②主要超标项目为 TP、TN，全湖水域均存在污染。2011—2015 年类别变化趋势详见表 3.3.2 和图 3.3.1～图 3.3.3。图 3.3.1、图 3.3.2 表示了洞庭湖水质与水位的年内变化。

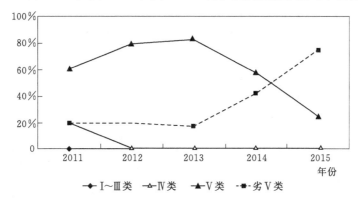

图 3.3.1　2011—2015 年洞庭湖全年水质变化趋势（TP、TN 参评）

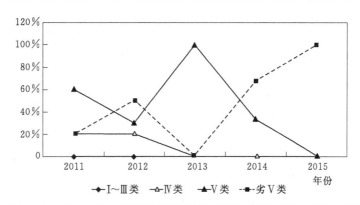

图 3.3.2　2011—2015 年洞庭湖枯水期水质变化趋势（TP、TN 参评）

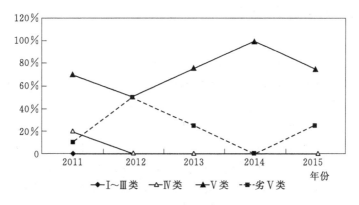

图 3.3.3　2011—2015 年洞庭湖丰水期水质变化趋势（TP、TN 参评）

依据 2011—2015 年水质监测数据，判断洞庭湖湖口水域及出湖断面的水质状况，结果见表 3.3.2。

表 3.3.2 洞庭湖出湖水质分析结果

年份	水质指标	指标值（均值)/(mg/L)	主要污染因子	水质类别
2011	NH₃-N	0.47	TP、TN	劣V
	CODcr	7.20		
	TN	2.01		
	TP	0.12		
2012	NH₃-N	0.36	TP、TN	劣V
	CODcr	7.83		
	TN	2.00		
	TP	0.08		
2013	NH₃-N	0.26	TP、TN	劣V
	CODcr	8.64		
	TN	2.06		
	TP	0.06		
2014	NH₃-N	0.26	TP、TN	劣V
	CODcr	11.17		
	TN	2.04		
	TP	0.09		
2015	NH₃-N	0.16	TP、TN	劣V
	CODcr	8.74		
	TN	2.08		
	TP	0.11		

结合表 3.3.2 进行分析，影响湖口出湖监测断面水质的污染因子主要为 TP、TN，2011—2015 年均为 V 类，达不到功能区划的要求。

3.3.3 洞庭湖水体富营养状况

3.3.3.1 年际变化

项目采用综合营养状态指数法计算洞庭湖主要富营养指标 TP、TN、高锰酸盐指数、叶绿素 a 和透明度的 ΣTLI。洞庭湖综合营养状态指数 ΣTLI 逐年增加。洞庭湖综合营养状态指数年际变化如图 3.3.4 所示。

洞庭湖的综合营养指数主要分为 3 个阶段。第一阶段为 1991—1996 年，湖体的营养水平维持在较低水平，平均值为 34.67；第二阶段为 1997—2002 年，经济整体处于上升期，流域排放量较大，水体 CODcr 含量持续上升，导致湖体的营养水平有小幅上升，平均值为 39.67，但仍然维持在较低水平；从 2003 年开始，湖体的营养水平持续上升，尤其是 2008 年之后，基本维持在 50 左右，较往年提高了一个级别，并直接导致夏季东洞庭湖的水华爆发。这一阶段的驱动力主要是水体叶绿素 a 和水体 TP 浓度的持续上升。一方面由于 2003 年以来，湖区社会经济的迅速发展，人口与工业企业的增加及城镇规模化扩张，各种污染源向湖内排放的工业废水和生活污水不断增加，洞庭湖水质受到一定程度的污染。另外，近年来洞庭湖来水来沙减少，湖水含沙量降低，水位变幅缩小，换水周期延长，水环境相对稳定，TP、TN 等滞留系数增大，浓度相对增高；加之湖水透明度增大，藻类光合作用增强，利于藻类的生长与繁殖，导致富营养化进程加快。

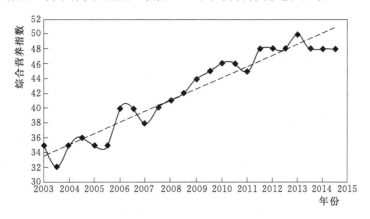

图 3.3.4　洞庭湖综合营养指数年际变化趋势

3.3.3.2　年内变化

项目采用 2011 年、2012 年、2013 年、2014 年、2015 年度每月一次监测数据（TP、TN、高锰酸盐指数、叶绿素 a 和透明度）的平均值计算洞庭湖综合营养指数 ΣTLI，综合营养指数的季节性变化见图 3.3.5。

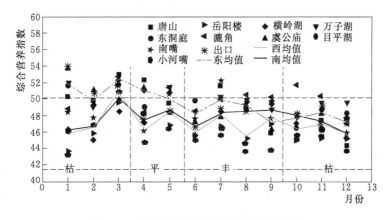

图 3.3.5　洞庭湖综合营养指数季节性变化

从年内水期分布特征看，洞庭湖湖体平均综合营养指数在枯水期和平水期较高，而丰水期较低，特别是 3 月，综合营养指数达全年最高值，湖体达富营养水平，之后综合营养指数呈递减趋势，湖体处于中营养水平。东洞庭湖全年综合营养指数平均值高于全湖平均值，其中在 1 月、3 月、4 月其综合营养指数均超过 50，达到轻度富营养水平。西洞庭湖和南洞庭湖平均富营养水平相对较低，除在 3 月达轻度富营养外，其余月份均为中营养。

但值得注意的是，位于南洞庭湖的虞公庙断面在 3 月、5 月、8 月、9 月、10 月、11 月综合营养指数均超过 50，营养水平达轻度富营养。

洞庭湖冬季处于枯水期，水流量及速度相对较低，进而水环境容量较小。另外，枯水期湖水与外界交换相对较少，污染物不易扩散，因此水体较易发生富营养化。丰水期的大量来水加大了洞庭湖的稀释自净作用，降低了水体污染物的浓度，使丰水期的污染程度小于平水期和枯水期。

3.3.4 四水水质变化趋势

3.3.4.1 湘水流域水质状况变化

通过对 2009—2015 年湘水流域省控断面水质类别与达标情况统计分析（表 3.3.3），湘水水质得到缓慢改善，省控断面Ⅰ～Ⅲ类水质占比一直保持在 80.0% 以上，且总体呈上升趋势。自 2009 年以来，以Ⅱ、Ⅲ类水质断面为主，且数量有所增加；Ⅰ类水质断面数量略增；Ⅳ类水质断面先升后降；Ⅴ类及劣Ⅴ类水质断面数量减少。总体上讲，湘水流域水质保持在良好到优之间，且优良水质比例在波动中呈上升趋势，部分江段污染由重/中度转变为轻度。

表 3.3.3 　　　　　　　2009—2015 年湘水流域省控断面水质类别与达标情况统计

年份	断面数量	污染指数	不同水质类别的断面数/个						Ⅰ～Ⅲ类比例 /%	水功能区达标率/%
			Ⅰ	Ⅱ	Ⅲ	Ⅳ	Ⅴ	劣Ⅴ		
2009	40	0.270	2	10	21	3	1	3	82.5	82.5
2010	40	0.278	1	9	24	2	0	3	87.5	90.0
2011	40	0.262	3	10	20	4	0	3	82.5	85.0
2012	40	0.257	2	11	23	2	1	1	90.0	95.0
2013	40	0.251	2	10	23	5	0	0	87.5	95.0
2014	40	0.251	2	11	23	2	1	1	90.0	95.0
2015	40	0.253	2	10	24	2	1	1	90.0	95.0

对湘水干流和支流水环境质量监测项目的污染分指数及平均分指数进行计算，并做 Spearman 秩相关检验。计算结果表明，2009 年以来湘水干流主要污染物平均分指数由高到低排序依次为 NH_3-N、COD、高锰酸盐指数和 BOD_5，均属轻污染级别。COD 污染程度有上升趋势，其余污染物基本稳定。湘水支流主要污染物平均分指数由高到低排序依次为 NH_3-N、石油类、COD、BOD_5、DO、TP 和高锰酸盐指数，均属轻污染级别，铅污染程度有下降趋势，其余污染物基本稳定。

3.3.4.2 资水流域水质状况变化

通过对 2009—2015 年资水流域省控断面水质类别与达标情况统计分析（表 3.3.4），2009 年以来资水流域水环境质量基本保持稳定，Ⅰ～Ⅲ类水质占比保持在 90% 以上。近 7 年来，以Ⅱ、Ⅲ类水质断面为主，且Ⅱ类水质断面数量有逐年上升趋势；仅在 2010 年有一个断面达到Ⅰ类水质；2009 年后出现Ⅳ类水质断面；无Ⅴ类及劣Ⅴ类水质断面。总体上，资水流域水质状况保持为优，断面水质得到进一步改善，部分轻度污染河段水质也相对稳定。其中干流及支流夫夷水的水质逐年改善，支流邵水入河口断面受氨氮污染，从 2009 年起一直属于 IV 类水质，但仍能达到所在功能区水质标准要求。

表 3.3.4　　　　　2009—2015 年资水流域省控断面水质类别与达标情况

年份	断面数量	污染指数	不同水质类别的断面数/个						I～III 类比例/%	功能区达标率/%
			I	II	III	IV	V	劣 V		
2009	12	0.211	0	9	2	1	0	0	91.7	100.0
2010	12	0.234	1	8	2	1	0	0	91.7	100.0
2011	12	0.229	0	11	0	1	0	0	91.7	100.0
2012	12	0.229	0	11	0	1	0	0	91.7	100.0
2013	12	0.220	0	10	1	1	0	0	91.7	100.0
2014	12	0.218	0	10	1	1	0	0	91.7	100.0
2015	12	0.223	0	11	0	1	0	0	91.7	100.0

对资水干流和支流水环境质量监测项目的污染分指数及平均分指数进行计算，并作 Spearman 秩相关检验。结算结果表明，2009 年以来资水干流主要污染物平均分指数由高到低排序依次为石油类、阴离子表面活性剂、COD 和 DO，均属轻污染级别，COD 和石油类污染程度有上升趋势，其余污染物基本稳定；资水支流主要污染物平均分指数由高到低排序依次为石油类、NH_3-N、COD、阴离子表面活性剂、高锰酸盐指数、DO 和挥发酚，NH_3-N 和 Pb 污染程度有上升趋势，其余污染物基本稳定。

3.3.4.3　沅水流域水质状况变化

通过对 2009—2015 年沅水流域省控断面水质类别与达标情况统计分析（表 3.3.5），2009—2015 年沅水水环境质量得到明显改善。I～III 类水质断面占比逐年上升，已从 2009 年的 70.0% 上升到 2015 年的 95.2%。自 2009 年以来，以 II、III 类水质断面为主，且数量逐年上升；IV 类水质断面数量减少；V 类及劣 V 类水质断面先升后降；无 I 类水质断面。总体上，沅水流域水质从轻度污染变为优，优良水质江段不断增加，轻度污染河段比例减少，部分曾重度及中度污染江段的水质逐渐得到改善。

表 3.3.5　　　　　2009—2015 年沅水流域省控断面水质类别与达标情况统计

年份	断面数量/个	污染指数	不同水质类别的断面数/个						I～III 类比例/%	功能区达标率/%
			I	II	III	IV	V	劣 V		
2009	20	0.246	0	9	5	2	3	1	70.0	70.0
2010	20	0.258	0	8	6	2	1	3	70.0	70.0
2011	20	0.221	0	11	7	0	0	0	90.0	90.0
2012	21	0.221	0	13	6	1	1	0	90.5	90.5
2013	21	0.192	0	9	11	0	1	0	95.2	95.2
2014	21	0.194	0	9	11	0	1	0	95.2	95.2
2015	21	0.220	0	10	10	0	1	0	95.2	95.2

在计算沅水干流和支流水环境质量监测项目的污染分指数及平均分指数的基础上，做

Spearman 秩相关检验。统计结果表明，2009 年（近 7 年）以来沅江干流主要污染物平均分指数由高到低排序依次为 TP 和 Cd，其中，TP 污染重，DO 不达标情况有下降趋势，其余污染物基本稳定。沅水支流主要污染物平均分指数由高到底排序依次为 Hg、COD、BOD_5 等，其平均分指数表明水质均属轻污染级别。高锰酸盐指数、As、Cd 和 Pb 污染程度有下降趋势，石油类有上升趋势，其余污染物基本稳定。

3.3.4.4　澧水流域水质状况变化

通过对 2009—2015 年澧水流域省控断面水质类别构成情况进行分析（表 3.3.6）可知，2009—2015 年间澧水水质保持稳定，省控断面 I ～Ⅲ类水质占比一直为 100％。7 年中，均为Ⅱ、Ⅲ类水质断面；无 I 类、Ⅳ类、Ⅴ类及劣Ⅴ类水质断面。总体上，澧水流域水质状况一直保持为优，水质优良且保持稳定。

表 3.3.6　　　　　　　2009—2015 年澧水流域省控断面水质类别与达标情况

年份	断面数量/个	污染指数	不同水质类别的断面数/个						I ～Ⅲ类比例/％	功能区达标率/％
			I	Ⅱ	Ⅲ	Ⅳ	Ⅴ	劣Ⅴ		
2009	9	0.195	0	8	1	0	0	0	100.0	100.0
2010	9	0.213	0	8	1	0	0	0	100.0	100.0
2011	9	0.199	0	8	1	0	0	0	100.0	100.0
2012	9	0.199	0	8	1	0	0	0	100.0	100.0
2013	9	0.206	1	7	1	0	0	0	100.0	100.0
2014	9	0.211	0	8	1	0	0	0	100.0	100.0
2015	9	0.208	0	8	1	0	0	0	100.0	100.0

对澧水干流和澧水支流水环境监测项目中的污染分指数及平均分指数进行计算，并做 Spearman 秩相关检验。统计结果表明，7 年来澧水干流主要污染物平均分指数最高者是 COD，平均分指数属轻污染级别，Pb 和阴离子表面活性剂污染程度有上升趋势，其余污染物基本稳定；澧水支流主要污染物平均分指数由高到低排序依次为 COD、BOD_5，其平均分指数均属轻污染级别，COD、BOD_5 和阴离子表面活性剂污染程度有上升趋势，其余污染物基本稳定。

3.3.5　荆江三口水质变化趋势

本节对 2009—2011 年湖北省地表水常规监测数据进行分析，荆江三口（松滋河、虎渡河、藕池河）水质状况见表 3.3.7。

表 3.3.7　　　　　　　　荆江三口水质分析结果　　　　　　　　单位：mg/L

年份	点 位 名 称		NH_3-N	COD	TP	水质类别
2009	松滋河	德胜闸	0.286	2.734*	0.074	Ⅱ
		同心桥	0.442	2.92*	0.083	Ⅱ
		杨家垱	0.276	8.308	0.055	Ⅱ
		淤泥湖	0.255	8.278	0.066	Ⅱ

年份	点位名称		NH$_3$-N	COD	TP	水质类别
2009	虎渡河	黄山头	0.204	8.780	0.043	Ⅱ
	藕池河	康家岗	0.338	9.355	0.053	Ⅱ
		殷家洲	0.338	9.5	0.005	Ⅱ
2010	松滋河	德胜闸	0.616	2.533*	0.074	Ⅲ
		同心桥	0.708	2.864*	0.081	Ⅲ
		杨家垱	0.202	8.405	0.055	Ⅱ
		淤泥湖	0.258	8.428	0.049	Ⅱ
	虎渡河	黄山头	0.176	8.110	0.055	Ⅱ
	藕池河	康家岗	0.411	10.82	0.054	Ⅱ
		殷家洲	0.415	13.000	0.005	Ⅱ
2011	松滋河	德胜闸	0.22	2.783*	0.094	Ⅱ
		同心桥	0.34	3.460*	0.098	Ⅱ
		杨家垱	0.126	9.833	0.062	Ⅱ
		淤泥湖	0.150	10.583	0.075	Ⅱ
	虎渡河	黄山头	0.136	9.833	0.036	Ⅱ
	藕池河	康家岗	0.366	12.333	0.049	Ⅳ
		殷家洲	0.299	11.8	0.005	Ⅲ
评价标准（Ⅲ类）			1.0	20	0.2	

注 标注 * 处为高锰酸盐指数值，对应评价标准为 6mg/L。

由表 3.3.7 可知，从总体看，近 3 年来荆江三口松滋河、虎渡河及藕池河各监测断面水质总体良好，且较稳定，除藕池河康家岗断面 2011 年氰化物超标外，其余年份各断面指标均能达到或优于《地表水环境质量标准》（GB 3838—2002）表 1 和表 2 中Ⅲ类水质标准。

3.3.6 主要河湖水环境问题诊断

3.3.6.1 入湖河流水质稳中趋好，出湖水质劣Ⅴ类

2015 年和 2009 年相比，湘水流域断面功能达标率由 82.5% 提高到 95.0%，沅水流域断面功能达标率由 70.0% 提高到 95.2%，资水流域和澧水流域断面功能达标率均保持100.0%。出湖水质 2011—2015 年均为劣Ⅴ类，尚达不到功能区划的要求，影响湖口出湖监测断面水质的污染因子主要为 TP 和 TN。

3.3.6.2 湖区富营养化程度由中度富营养减缓为轻度富营养

随洞庭湖面积缩减和枯水期延长，加上湘、资、沅、澧四水流域及洞庭湖区经济的发展，流域人口密度高于全省和全国。洞庭湖水污染加重，部分湖区已出现富营养化。洞庭湖的富营养化指数由 2007 年的 66 降低到 2015 年的 48，富营养化程度由中度富营养减缓为轻度富营养。

3.3.6.3　近 5 年内湖泊水质波动且有下降之势

自 20 世纪 90 年代中期以来，水质一直在波动。2011 年，Ⅴ类；2012 年，劣Ⅴ类；2013—2015 年，Ⅴ类。此外，近 5 年平水期优于丰水期优于枯水期，汛期之初水质较差；主要超标项目为 TP、TN，全湖水域均存在污染。

3.4　主要河湖物理形态调查评价

3.4.1　荆江三口河道冲淤变化

根据 1952 年、1995 年和 2003 年三口洪道 1∶5000 水道地形资料量算，1952—2003 年三口洪道淤积泥沙 6.515 亿 m³（年均淤积泥沙 0.125 亿 m³），约合 8.47 亿 t（泥沙干容重取 1.3t/m³，下同），约占三口控制站同期总输沙量的 13.1%（1952—1955 年采用枝城站输沙量资料和 1956—1966 年三口平均分沙量比推算）。其中，松滋河淤积 1.71 亿 m³，占淤积总量的 26.2%，约占新江口站、沙道观站同期总输沙量的 9.3%；虎渡河淤积 0.858 亿 m³，占淤积总量的 13.2%，约占弥陀寺站同期总输沙量的 11.4%；松虎洪道淤积 0.433 亿 m³，占淤积总量的 6.6%；藕池河淤积 3.51 亿 m³，约占康家岗站、管家铺站同期总输沙量的 14.3%，占淤积总量的 53.9%。

从各时段淤积量分布来看，1952—1995 年三口洪道泥沙总淤积量为 6.05 亿 m³，约占三口控制站同期总输沙量的 13.1%。其中，松滋河淤积 1.68 亿 m³，占沙道观、新江口两站同期总输沙量的 10.4%，占三口洪道淤积总量的 27.7%；虎渡河淤积 0.726 亿 m³，占弥陀寺站同期总输沙量的 11.7%，占淤积总量的 12.0%；松虎洪道淤积 0.4424 亿 m³，占淤积总量的 7.3%；藕池河淤积 3.20 亿 m³，占进口两站同期总输沙量的 13.8%，占淤积总量的 52.9%。

1995—2003 年，三口洪道低水位以下河床冲淤基本平衡，泥沙淤积主要集中在中、高水河床，总淤积量为 0.468 亿 m³，约占三口控制站同期总输沙量的 12.0%。其中：松滋河淤积量不大，淤积量为 0.0348 亿 m³，约占沙道观、新江口两站同期总输沙量的 1.8%，仅占总淤积量的 7%；虎渡河淤积量为 0.1317 亿 m³，约占弥陀寺站同期总输沙量的 19.3%，占总淤积量的 28%；松虎洪道则略有冲刷，冲刷量为 0.0095 亿 m³。藕池河淤积量 0.3106 亿 m³，约占康家岗、管家铺两站同期总输沙量的 24.3%，占淤积总量的 66%。

从各洪道沿程冲淤变化来看，1952—2003 年，松滋河口门段（包括松滋口至大口、采穴河段）河床冲刷泥沙 390 万 m³；松滋河西支除下段有所冲刷外，上中段均表现为淤积，1952—2003 年，西支淤积泥沙 4910 万 m³；中支则淤积泥沙 6730 万 m³；东支则除中段有所冲刷外，大口至莲子河口（沙道观）及官支河以下则以淤积为主，1952—2003 年，东支淤积泥沙 5837 万 m³。

虎渡河主要表现为单向淤积，口门段（太平口至弥陀市水文站，长约 8km）1952—2003 年，淤积泥沙 376 万 m³，沿程淤积强度逐渐增大，其中尤以中河口至南闸和南闸以下淤积最为严重，1952—2003 年，分别淤积泥沙 3424 万 m³ 和 3159 万 m³。

松滋河、虎渡河汇合后的尾闾段（松虎洪道）淤积强度较大，1952—2003 年，淤积泥沙 4330 万 m^3，淤积强度达到 120 万 m^3/km，但 1995—2003 年略有冲刷。藕池河主要表现为沿程淤积，其中口门段淤积泥沙 3240 万 m^3，位于尾闾段东支沱江段 4000 万 m^3，中支淤积泥沙 11700 万 m^3。

三峡工程蓄水运用后，虽三口分流比、分沙比尚未发生明显变化，但进入三口的沙量和水流含沙量大幅度减小，三口洪道河床出现了一定冲刷。2003—2006 年松滋口总体表现为冲刷，但进口段河床仍以淤积为主；东支、西支则有冲有淤，总体表现为冲刷，尾闾段冲淤变化不大，虎渡河略有冲刷，藕池河以冲刷为主，进口断面有所冲刷，东支有冲有淤，总体表现为略有冲刷，中支、西支冲淤变化不大。

3.4.2 洞庭湖泥沙冲淤变化

随着三峡水库运行年份延长，洞庭湖区泥沙不断淤积，但受荆江三口入湖沙量减小等因素影响，洞庭湖区泥沙年淤积量有减小的趋势。长江中下游水沙整体数学模型预测计算的三峡水库运用 30 年，三峡水库运用后洞庭湖泥沙淤积变化情况见表 3.4.1。

表 3.4.1　　　　　　　三峡水库运用后洞庭湖泥沙淤积变化情况　　　　　　　单位：万 t

时　　间	年均入湖泥沙量	年均出湖泥沙量	年均湖区淤积量
1～10 年	4330	3437	893
11～20 年	4175	3420	755
21～30 年	4028	3394	634

从表 3.4.1 中数据分析可知，水库运用 1～10 年，年均入湖沙量 4330 万 t，年均出湖沙量 3437 万 t，年均淤积泥沙 893 万 t；水库运用 11～20 年，年均入湖沙量 4175 万 t，年均出湖沙量 3420 万 t，年均淤积 755 万 t，比 1～10 年淤积量减少 15.45%；水库运用 21～30 年，年均入湖沙量 4028 万 t，年均出湖沙量 3394 万 t，年均淤积 634 万 t，比 11～20 年淤积量减少 121 万 t。三峡水库运用后，三口分流分沙减少，进入湖区泥沙量减小，经湖区调蓄后，湖区仍以淤为主，淤积趋缓，说明三峡水库修建后对减少洞庭湖区泥沙淤积，维持洞庭湖区调蓄能力有利。三口分流河道尾闾和四水尾闾入湖口附近泥沙淤积较多，目平湖、南洞庭湖、东洞庭湖三大湖中，目平湖淤积范围及淤积量均较大。

3.4.3 洞庭湖容积变化

1997 年，长江委水文局采用其 1995 年施测的 1：10000 地形图，相应于七里山水文站 31.5m 时，营田站水位 31.55m，杨柳潭站水位 32.55m，南咀站水位 33.55m，石龟山站水位 35.45m，洞庭湖总容积为 167 亿 m^3，总面积为 2625 km^2。长江委水文局所量 1995 年天然湖泊面积、容积详见表 3.4.2。

根据表 3.4.2 绘制洞庭湖水位-面积-湖容曲线，如图 3.4.1 所示。静湖容为相应高程对应的澧水洪道、东洞庭湖、南洞庭湖、目平湖、七里湖和草尾河容积之和，动湖容采用表 3.4.2 中的天然容积。

表 3.4.2　洞庭湖天然湖泊面积、容积表（1995 地形资料）

85高程/m	洞庭湖天然容积/亿m³	澧水洪道 面积/m²	澧水洪道 容积/亿m³	东洞庭湖 面积/m²	东洞庭湖 容积/亿m³	南洞庭湖 面积/m²	南洞庭湖 容积/亿m³	目平湖 面积/m²	目平湖 容积/亿m³	七里湖 面积/m²	七里湖 容积/亿m³	草尾河 面积/m²	草尾河 容积/亿m³
21				91.58	0								
22	11.252			195.302	1.402								
23	14.969			367.352	4.144							9.142	0
24	20.709			535.579	8.628	54.19	0	15.731	0			13.347	0.213
25	30.342	2.545	0	789.736	15.449	106.49	0.8	22.32	0.19			16.518	0.263
26	44.116	4.929	0.037	1042.416	24.409	203.267	2.347	33.483	0.469			17.856	0.434
27	61.877	7.28	0.097	1203.4	35.634	350.71	5.113	36.548	0.914			19.487	0.62
28	82.166	9.635	0.182	1209.1	47.977	515.109	9.453	129.64	1.02	10.766	0	20.674	0.831
29	104.225	12.199	0.297	1296.403	60.785	676.851	15.381	212.16	3.529	12.712	0.117	29.83	1.094
30	129.435	14.915	0.427	1309.974	73.812	791.291	22.709	268.751	6.404	14.617	0.254	36.084	1.424
31	154.27	24.376	0.621	1311.593	86.912	859.345	30.952	306.122	9.278	22.874	0.441	39.782	1.808
32	180.036	33.135	0.909	1312.688	100.032	890.372	39.685	323.518	12.406	37.503	0.742	41.149	2.208
33	206.373	46.989	1.31	1318.704	113.159	897.277	48.571	328.062	15.684	57.48	1.186	41.259	2.619
34		58.157	1.816	1318.802	116.087	900.215	57.497	330.844	18.979	57.44	1.725	41.282	3.05
35		64.651	2.45			902.07	66.45	330.8	22.197	66.193	2.464	41.399	3.445
36		65.383	3.1			905.079	75.407	332.8	25.626	71.636	3.181		
37		65.958	3.757					332.933		73.474	3.926		
38		65.958	4.417							74.196	4.67		
39		65.958	5.076							74.185	5.425		
40		65.958	5.736							74.673	6.16		
41		65.958	6.395							74.673	6.908		
42		65.958	6.395							74.673	6.948		
七里山水位31.5m时，相应营田、杨柳潭、南咀、石龟山水位31.55m、32.55m、33.55m、35.45m				1312.84 / 126.287		905.019 / 75.427		332.903 / 25.626		74.673 / 6.948		41.399 / 3.445	

总面积/m²	总容积/亿m³	
2623	167	1995年
2691	174	1978年

围堤增高计算的面积和容积：

名称	A/km²	V/亿m³
东洞庭湖　南津港三角洲	10	0.5
南洞庭湖　永胜及新胜垸	12.7	0.76
目平湖　创业垸	10.8	0.65
七里湖　新洲上下垸	16	0.7
合计	49.5	2.61

（1）东洞庭湖：七里山-磊石山-华容甘溪港民垸，高程为 22～34m;

（2）南洞庭湖：磊石山-资水杨柳潭-甘溪港民垸-南咀-小河咀，高程 24～35m;

（3）目平湖：四分局三角堤-坡头新堤-南咀，小河咀，高程为 25～36m;

（4）七里湖：小渡口-石龟山，汇口，高程为 30～43m;

（5）澧水洪道：石龟山-四分局分局，高程为 24～35m;

（6）草尾河：南咀-湖口;

$$V=[A_i+A_{i-1}+(A_i*A_{i-1})^{0.5}]*DH/3,\quad (A_i-A_{i-1})/A_i\geq40\%;$$

$$V=(A_i-A_{i-1})*Dh/2,\quad (A_i-A_{i-1})/A_i<40\%;$$

洞庭湖天然容积考虑水面下降，由四湖容积之和求得

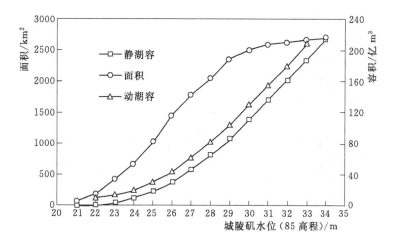

图 3.4.1 洞庭湖水位-面积-湖容关系

由于长期洪水泥沙淤积等原因，洞庭湖水面面积与容积严重萎缩，蓄洪能力剧降。目前，洞庭湖天然湖泊面积 2625km²，仅为 1825 年（6200km²）的 42.34%，调蓄容积也由 400 亿 m³ 减少到 167 亿 m³（表 3.4.3）。洞庭湖区已连续多年出现枯水期提前、延长，因此，水位较常年同期大幅降低，且近些年已达 142 年以来的最低水位。洪涝和干旱交替发生，防汛和抗旱成为湖区工作的常态。洞庭湖面积变化情况如图 3.4.2 所示。

表 3.4.3 洞庭湖天然湖泊面积、容积变化情况

年份	间隔年	面积			容积		
		数值/km²	减少值/km²	年变率	数值/亿 m³	减少值/亿 m³	年变率
1825		6000					
1896	71	5400	600	8.5			
1932	36	4700	700	19.4			
1949	17	4350	350	20.6	293		
1954	5	3915	435	87.0	268	25	5.0
1958	4	3141	774	193.5	228	40	10.0
1971	13	2820	321	24.7	220	8	0.6
1978	7	2691	129	18.4	186	34	4.9
1995	17	2625	66	3.9	167	19	1.1
2010	16	2590	35	2.2	160	7	0.4

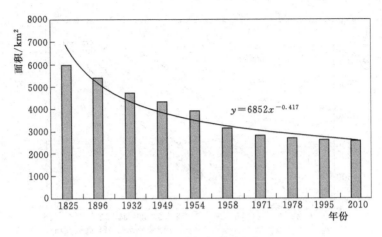

$$y = 6852x^{-0.417}$$

图 3.4.2   洞庭湖面积变化

3.5   主要河湖水生物调查评价

3.5.1   湘水流域

3.5.1.1   浮游植物

湘水流域浮游植物分属 7 门 65 属 139 种。其中，硅藻门最多，共有 23 属 65 种，占总种类数的 46.8%；绿藻门 24 属 47 种，占总种类数的 33.8%；蓝藻门 11 属 17 种，占总种类数的 12.3%；甲藻门 1 属 1 种，占总种类数的 0.7%；裸藻门 3 属 5 种，占总种类数的 3.6%；隐藻门 1 属 2 种，占总种类数的 1.4%；金藻门 2 属 2 种，占总种类数的 1.4%。优势种为舟形藻、直链藻、颤藻、席藻、小球藻等。浮游植物平均密度为 497374cells/L，其中，干流浮游植物密度平均为 571239cells/L，支流浮游植物密度平均为 423507cells/L，密度组成以蓝藻门为主，所占比例超过 45%，其次为硅藻门。

3.5.1.2   浮游动物

湘水流域浮游动物分属 80 属 161 种。其中，轮虫最多，共有 68 种，占总种类数的 42.24%；原生动物有 66 种，占总种类数的 40.99%；枝角类有 15 种，占总种类数的 9.32%；桡足类有 12 种，占总种类数的 7.45%。浮游动物平均密度为 1118.1ind./L，平均生物量为 0.1769mg/L。优势种主要有龟甲轮虫、晶囊轮虫、异尾轮虫、臂尾轮虫、象鼻蚤、低额蚤、盘肠蚤、平直蚤、剑水蚤、镖水蚤、砂壳虫、旋回侠盗虫等。

3.5.1.3   底栖动物

湘水流域底栖动物有 40 种。其中，软体动物最多，共有 16 种，占总种类数的 40.00%；节肢动物有 18 种，占总种类数的 45.00%；环节动物有 6 种，占总种类数的 15.00%。优势种有水丝蚓、颤蚓、梨形环棱螺、铜锈环棱螺、湖沼股蛤、二翼蜉、米虾等。底栖动物平均密度为 206.7ind./m²，平均生物量为 54.9g/m²，软体动物在组成中均占有较大优势。

3.5.1.4　鱼类

湘水水系历史调查记录鱼类共有 155 种（亚种），隶属于 10 目 24 科 94 属。鲤形目鱼类是湘水水系最主要的类群，有 107 种和亚种，占该地区鱼类总种数的 69%；其次是鲇形目和鲈形目，分别为 19 和 18 种和亚种，其他目鱼类的种类数量均较少。湘水流域中鲤科鱼类种类最为丰富，有 89 种（亚种），占该地区鱼类总种数的 57.4%；其次是鳅科和鳘科，均为 11 种（亚种），各占该地区鱼类总种数的 7.1%；其余 21 科的种数较少，共计有 44 种（亚种），占该地区鱼类总种数的 28.4%。湘水鱼类以广布性鱼类为主，被列入《中国濒危动物红皮书——鱼类》的有中华鲟、鲥鱼、胭脂鱼、长薄鳅、鲸、长身鳜。其中，中华鲟为国家Ⅰ级保护野生动物，胭脂鱼为国家Ⅱ级保护野生动物。

湘水流域较大的黏沉性产卵场有近尾洲坝下、大源渡坝下、舂陵水河口、耒水河口、洣水河口、沩水河口等。湘水"四大家鱼"等漂流性产卵场主要分布在从常宁张河铺至衡阳香炉山、云集潭长达 88km 的江段上。2009—2010 年调查结果显示，湘水中游漂流性产卵场有 5 处，分别为大堡、柏坊、松江产卵场、渔市产卵场、烟洲产卵场。

随着湘水流域特别是湘水干流的梯级开发，鱼类洄游通道建设不足，导致中华鲟、胭脂鱼等洄游性鱼类的种群数量急剧下降，鲥鱼几近灭绝。近年来，由于湘水中上游的梯级水电开发，各枢纽大坝将河流截断，阻碍了河道中生物的自由迁移，特别是对鱼类从下游至上游的洄游活动产生阻隔影响，对四大家鱼及其他鱼类的产卵活动产生了较大影响，产卵场衰退较明显，使湘水流域鱼类资源日趋减少。

3.5.2　资水流域

3.5.2.1　浮游植物

资水流域浮游植物分属 7 门 53 属 81 种。其中，硅藻门最多，共有 38 种，占总种类数的 46.9%；绿藻门有 23 种，占总种类数的 28.4%；蓝藻门有 15 种，占总种类数的 18.5%；隐藻门有 2 种，占总种类数的 2.5%；甲藻门、金藻门、裸藻门各有 1 种，均占总种类数的 1.2%。常见种有角甲藻、舟行藻、空球藻。

3.5.2.2　浮游动物

资水流域浮游动物分属 45 属 93 种。其中，原生动物最多，共有 36 种，占总种类数的 38.7%；轮虫有 35 种，占总种类数的 37.6%；枝角类有 13 种，占总种类数的 14.0%；桡足类有 9 种，占总种类数的 9.7%。常年以枝角类、桡足类占优势，常见种有臂尾轮虫、龟甲轮虫、匣壳虫、砂壳虫、象鼻蚤、秀体蚤、真剑水蚤、温剑水蚤等。

3.5.2.3　底栖动物

资水流域底栖动物 70 种。其中，水生昆虫最多，共有 28 种，占总种类数的 40.00%；软体动物有 24 种，占总种类数的 34.28%；寡毛类有 12 种，占总种类数的 17.40%；其余 6 种占总种类数的 8.57%。水生昆虫与软体动物较多，共占总种类数的 74.28%，水生昆虫以摇蚊种类居多，共有 12 种，占水生昆虫总种类数的 42.90%。软体动物的双壳类很少，仅出现淡水壳类、闪蚬、豌豆属等 3 种，其中以淡水壳类最为常见。腹足类出现率高，常见种有方格短沟蜷、铜锈环棱螺、黑龙江短沟蜷、卵萝卜螺、狭萝卜螺等。寡毛类的杆吻虫属常见种。其他种蛭类出现 3 种，即扁舌蛭、宽身舌蛭、淡色舌蛭等均为常见种。

3.5.2.4　鱼类

资水流域鱼类资源多样性较为丰富，有国家级水产种质资源保护区两个，即资水新化段鳜鲌国家级水产种质资源保护区；资水益阳段黄颡鱼国家级水产种质资源保护区。资水流域历史分布鱼类 14 科 27 属 117 种，在《湖南省地方重点保护野生动物名录》中列出的保护鱼类有 12 种，分别为鯮、鳡、中华倒刺鲃、白甲鱼、稀有白甲鱼、瓣结鱼、湘华鲮、泸溪直口鲮、岩原鲤、胡子鲇、暗鳜、长身鳜。

资水流域产卵场有 8 处。其中，资水桃江县境内有鲤、鲫、鳊、鲌鱼类产卵一处，资水益阳市境内有鲤、鲫、鳊的产卵场一处。资水流域在邵阳市从资水二桥至高庙潭河段、邵水河道从沿江桥至栏河坝河段各有一处产卵场；在株溪口江段有 3 处产卵场分布，分别为鱼胶溪入资水河口处、大西溪入资水河口处及鲇鱼洲。在新邵县江段有一处产卵场，位于酿溪镇，范围为上至渔溪河与资水交汇处，下至疗养院资水水域，为产漂流性卵鱼类和产黏性卵鱼类的自然产卵场。

随着工农业生产的迅速发展，工业废水、生活污水及农业面源污染使资水干支流的污染负荷日益加重，因水质污染引起大量鱼类死亡的现象时有发生。水质污染不仅影响鱼类生存环境，还对浮游生物、底栖生物等鱼类饵料生物造成危害，破坏了水生生态系统的食物链。

3.5.3　沅水流域

3.5.3.1　浮游植物

沅水流域浮游植物分属 6 门 147 种。其中硅藻门最多，共有 64 种，占总种类数的43.5%；绿藻门有 54 种，占总种类数的 36.7%；蓝藻门有 22 种，占总种类数的 15.0%；裸藻门、金藻门各有 3 种，均占总种类数的 2.0%；甲藻门有 1 种，占总种类数的 0.7%。浮游植物平均密度为 221000cells/L，优势种为硅藻门、巴豆叶脆杆藻、颗粒直链藻、钝脆杆藻、美丽星杆藻、细星杆藻，蓝藻门中泥污颤藻、铜绿微囊藻以及绿藻门中格孔单突盘星藻。

3.5.3.2　浮游动物

沅水流域浮游动物共有 70 种。其中，轮虫最多，共有 31 种，占总种类数的 44.3%；原生动物有 19 种，占总种类数的 27.1%；枝角类有 12 种，占总种类数的 17.1%；桡足类有 8 种，占总种类数的 11.4%。浮游动物平均密度为 122ind./L，轮虫占绝对优势，其平均密度为 99ind./L。平均生物量为 0.79mg/L，以桡足类为主，平均生物量为 0.37mg/L。优势种为针棘匣壳虫、剪形臂尾轮虫、镰状臂尾轮虫、迈氏三肢轮虫、针簇多肢轮虫、曲腿龟甲轮虫、螺形龟甲轮虫、长额象鼻溞和广布中剑水溞。

3.5.3.3　底栖动物

沅水流域底栖动物有 42 种。其中，节肢动物有 22 种，占总种类数的 52.4%；软体动物有 15 种，占总种类数的 35.7%；环节动物有 5 种，占总种类数的 11.9%。节肢动物与软体动物较多，共占总种类数的 88.1%，优势种有水丝蚓、椭圆萝卜螺、耳萝卜螺、中华圆田螺、铜锈环棱螺、方形环棱螺、泥泞拟钉螺、前突摇蚊、粗腹摇蚊。

3.5.3.4 鱼类

沅水流域共有鱼类 134 种（包括亚种），隶属于鳗鲡目、鲤形目、鲇形目、鳉形目、鲈形目、合鳃鱼目和颌针鱼目等 7 目 18 科。其中，鲤科 12 亚科 80 种，鳅科 16 种，鲿科 11 种，平鳍鳅科 3 种，钝头鮠科 3 种，鲱科 2 种，鮨科 2 种、鮨科 6 种、塘鳢科 2 种、鳢科、合鳃鱼科、虾虎鱼科、斗鱼科、鳗鲡科、胭脂鱼科、刺鳅科、鳜科和鳢科各 1 种。沅水鱼类以广布性鱼类为主，被列入《中国濒危动物红皮书鱼类》中的有长身鳜、鯮、胭脂鱼。其中，胭脂鱼被列为国家Ⅱ级保护动物；沅水流域特有鱼类有湖南吻鮈、湘华鲮、湘江蛇鮈等 3 种。

从沅水鱼类的组成分析，以鲤形目和鲇形目鱼类为主，其中鲤形目鱼类有 100 种，鲇形目有 18 种。在 18 个科中，种类数最多的是鲤科，有 80 种，鳅科 16 种，鲿科 11 种。根据鱼类的生殖习性及鱼卵性质等特点，沅水流域的鱼类大致可分为 4 类，即产漂流性卵种类、黏沉性卵种类、特异性产卵种类和降海产卵种类。区域内有国家级水产种质资源保护区 4 处，即沅水特有鱼类国家级水产种质资源保护区、沅水辰溪段鲌类黄颡鱼国家级水产种质资源保护区、沅水鼎城段褶纹冠蚌国家级水产种质资源保护区、酉水湘西段翘嘴红鲌国家级水产种质资源保护区。

3.5.4 澧水流域

澧水鱼类资源丰富，共有 160 多种，包括鲤、鲫、翘嘴鲌、蒙古鲌、鲇、黄颡鱼、银鮈、中华花鳅、子陵吻虾虎鱼、"四大家鱼"等。区域内有国家级水产种质资源保护区两处，即澧水源特有鱼类国家级水产种质资源保护区；澧水石门段黄尾密鲴国家级水产种质资源保护区。目前，澧水"四大家鱼"、鳡、鲴、铜鱼等河湖洄游性鱼类的数量较少，过去在澧水中分布有中华倒刺鲃、鳤、鯮等产漂浮性卵鱼类，可能因所产卵漂流流程短而在库中沉没死亡而十分稀少，一些喜流水生活鱼类如泸溪直口鲮、下司华吸鳅等因不适应静水环境只在库区上游或其他支流发现，而一些喜静水或微流水生活的鱼类如鲤、鲫、鲌、鲇、银鮈等在澧水的皂市水库、江垭水库和宜冲桥水库等库区均有大量分布。

3.5.5 洞庭湖

3.5.5.1 浮游植物

据 2012—2014 年监测资料显示，洞庭湖调查到的浮游植物分属 7 门 55 属。其中，绿藻门最多，共有 23 属，占总属数的 41.8%；硅藻门有 17 属，占总属数的 30.9%；蓝藻门有 8 属，占总属数的 14.5%；甲藻门、裸藻门、隐藻门各有 2 属，占总属数的 3.6%；金藻门有 1 属，占总属数的 1.8%。

3.5.5.2 浮游动物

据 2012—2014 年监测资料显示，洞庭湖现有浮游动物 37 属 49 种。其中，轮虫最多，共有 11 属 19 种，占总种类数的 38.8%；原生动物有 10 属 13 种，占总种类数的 26.5%；桡足类有 10 属 10 种，占总种类数的 20.4%；枝角类有 6 属 7 种，占总种类数的 14.3%。

3.5.5.3 底栖动物

据 2012—2014 年监测资料显示，洞庭湖现有底栖动物 81 种，分属 5 门 8 纲。其中，节肢动物门最多，共有 44 种，占总种类数的 54.3%，摇蚊科 27 种，占总种类数的 33.3%；春蜒科 4 种，占总种类数的 4.9%；长臂虾科、纹石蛾科各 2 种，均占总种类数的 2.5%；钩虾科、击钩虾科、赘虾科、溪蟹科、蜉蝣科、小蜉科、畸距石蛾科、溪泥甲科、螺科各 1 种，均占总种类数的 1.2%。软体动物门共有 26 种，占总种类数的 32.1%，田螺科 8 种，占总种类数的 9.9%；蚌科 7 种，占总种类数的 8.6%；豆螺科 4 种，占总种类数的 4.9%；蚬科、黑螺科各 2 种，均占总种类数的 2.5%；贻贝科、截蛏科、扁卷螺科各 1 种，均占总种类数的 1.2%。环节动物门共有 9 种，占总种类数的 11.1%，颤蚓科 5 种，占总种类数的 6.2%；仙女虫科 2 种，占总种类数的 2.5%；舌蛭科、黄蛭科各 1 种，均占总种类数的 1.2%。扁形动物门、线形动物门各有 1 种，均占总种类数的 1.2%。

3.5.5.4　鱼类

据 2012—2014 年监测资料显示，洞庭湖鱼类有 116 种，分属 10 目 23 科。其中，鲤科鱼类最多，共有 65 种，占总种类数的 56.0%；鳅科 10 种，占总种类数的 8.6%；鳠科 9 种，占总种类数的 7.8%；银鱼科、鲇科、鰕虎鱼科各 4 种，均占总种类数的 3.4%；鳗科、塘鳢科、鲇科各 2 种，均占总种类数的 1.7%；鲱科、合鳃科、异鳍科、鳡科、平鳍鳅科、胭脂鱼科、刺鳅科、鳢科、攀鲈科、鳗鲡科、鮠科、鲀科、匙吻鲟科、鲟科各 1 种，均占总种类数的 0.9%。近年来，堤防建设破坏河湖连通性，影响鱼类江湖洄游，水生生物生境破碎化；洞庭湖的水质污染，水体恶化，生物多样性遭到严重的破坏，生物栖息地锐减；洞庭湖流域湿地围垦对鱼类生境的破坏。洞庭湖江豚资源量锐减，已不足 200 头，且仍在持续下降，处于濒危状态；白鱀豚如今已难觅踪迹，河豚资源逐年衰竭，洞庭湖大量珍稀鱼类很难见到，部分已被列为濒危动物。

3.6　洞庭湖主要水生态问题及影响因素

3.6.1　主要水生态问题

洞庭湖水生态系统总体上处于良好状态，近年来由于多种因素的影响，出现了明显的退化趋势。

3.6.1.1　湿地功能弱化

据研究，1989—2001 年间，东洞庭湖湿地空间结构发生了较大变化，水体泥沙滩地减少 106km²，减少了 20.1%；而草滩地增加了 18km²，增加了 4.7%；芦苇滩地增加了 94km²，增加了 26.5%。陆生、湿生植被向水域入侵，水域、泥沙滩地萎缩，湖泊正向演替明显加速。

湿地面积的减少导致湿地资源的种类和数量的减少。近年来出现了枯水位提前和枯水时段延长的现象，枯水期湖水位消落过早、时段延长对湿地植被演替产生较明显影响，部分区带植被由湿地类型向中生性草甸演替，对候鸟栖息生境产生了一定的影响。湿地动植物资源种类和数量的减少，特别是珍稀越冬候鸟的数量减少，生物产量与质量降低，导致湿地生态系统的服务与功能大幅降低，抵御自然灾害的能力也有所下降。

3.6.1.2 珍稀水生动物濒危程度加剧

长江流域的特有物种白鳍豚的模式标本1916年在洞庭湖获得，但近20年来的观测表明，洞庭湖区已无白鳍豚分布，在2006年长江淡水豚中外联合考察中也未发现白鳍豚的踪迹，这说明白鳍豚在洞庭湖的濒危程度加剧或已消失。不仅如此，与白鳍豚生活较为接近的江豚生存现状也不容乐观。据估计，洞庭湖江豚的数量仅有100～200头，明显少于20世纪90年代的数量，而且还面临很大的威胁，如2004年在东洞庭湖水域就曾同时发生了6起江豚非正常死亡事件，2006年10月又发生了一起江豚非正常死亡事件。2012年3—4月洞庭湖连续发现江豚死亡事件，其中有9头集中在一个星期内被发现。尸体解剖发现，这些死亡的江豚大多有一个共同特点，就是消化系统里没有任何食物残留。尽管死因尚未明确，但解剖专家分析，导致江豚死亡的原因可能有3个，即感染传染性疾病、中毒、饥饿。

3.6.1.3 鱼类资源严重衰退

1997—2013年，洞庭湖鲤、鲫产卵场由45处衰减至28处，面积波动范围为119～305km²，鲤、鲫产卵场面积除了2011年长江流域大旱较低外，其他年份均呈上升趋势，这与洞庭湖近年来退田还湖有关。1997—2013年，鲤、鲫产卵群体范围分别为6.6万～28万尾和18.6万～35万尾，变动幅度不大；鲤、鲫产卵量范围分别为17.3亿～67.76亿粒和21.1亿～45.2亿粒，见表3.6.1。

表3.6.1　　　　　　1997—2013年洞庭湖产卵场数量、面积和规模

年份	产卵场/处	产卵面积/km²	鲤 产卵群体/万尾	鲤 产卵量/亿粒	鲫 产卵群体/万尾	鲫 产卵量/亿粒
1997	45	212	25	61.57	30	37.65
1998	45	219	28	60.4	35	44.61
1999	45	232	25	53.25	30	35.94
2000	45	252	22	67.76	30	42.49
2001	47	305	18.5	56.13	27.8	37.63
2002	47	305	21.5	60.25	29.8	39.36
2003	45	290.8	19.6	53.31	27.1	38.29
2004	45	276.8	17.5	50.35	37.8	41.98
2005	45	262.6	15.9	46.18	40.5	40.63
2007	39	205	15.4	40	55.4	43.2
2009	38	296.32	16.3	48.3	50.8	45.2
2011	17	119	6.6	17.3	18.6	21.1
2013	28	250	22.1	28.13	35.3	34.87

1986—1996年，渔业捕捞产量总体呈上升趋势；1996年渔业捕捞产量最大，达到8.28万t，其次是1998年，达到5.15万t，造成这两年捕捞量大的主要原因可能与洪涝灾害有关，部分堤垸溃垸，精养鱼池和围网养殖的鱼逃逸到洞庭湖开阔水域，使鱼类资源总量增加；1996—2005年，渔业捕捞产量总体呈下降趋势，特别是近年来天然鱼类捕捞量下降迅速，2005年已降到2.36万t。1986—2005年，洞庭湖渔业捕捞产量统计结果如图3.6.1所示。

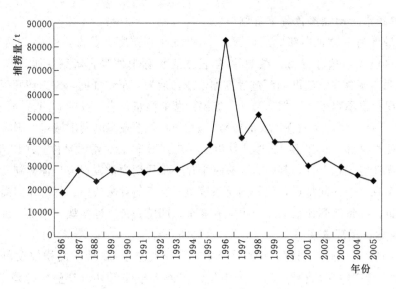

图 3.6.1 1986—2005 年洞庭湖渔业捕捞量

洞庭湖鱼类分江海洄游性鱼类、江湖洄游性鱼类、湖泊定居性鱼类 3 种生态类型。据湖南省渔业环境监测站的监测结果，近年来洞庭湖的洄游性鱼类资源锐减，并呈低值化、低龄化、小型化趋势。20 世纪 70 年代以前，"四大家鱼"（青、草、鲢、鳙）等江湖洄游性鱼类在渔获量中占 32%，而"四大家鱼"占 10% 以下，定居性小型野杂鱼类占 80% 左右，大大降低了洞庭湖渔业资源的经济价值。而且，主要经济鱼类个体严重低龄化、小型化，当年幼鱼已成为主要捕捞对象，补充群体受到破坏。在 20 世纪 60—70 年代，"四大家鱼"多为 3～4 龄鱼，个体大小常在 15kg 以上，鲤鱼个体多数为 3～4 龄，也多在 10kg 左右。进入 20 世纪 90 年代，捕捞个体逐渐变小，1997—1999 年，1～2 龄鱼占 50% 以上。

3.6.1.4 水鸟数量明显减少，部分濒危鸟类消失，水鸟栖息地丧失

历史上，在洞庭湖越冬的水鸟达 30 万～50 万只，近年来已减至 10 万只左右，并呈现进一步减少的趋势。

2005 年分布在洞庭湖的国际濒危物种有白鹤、东方白鹳、黑鹳、鸿雁、小白额雁 5 种，比 2004 年减少了 4 种，达到湿地公园 1% 标准的物种 12 种，比 2004 年也减少了 4 种。在其他达到全球 1% 标准的物种中，很多仅保留极少的种群在洞庭湖越冬。2005 年与 2004 年比，反嘴鹬减少了 10000 只，灰鹤减少近 200 只，白头鹤减少约 20 只，白鹤减少近 60 只，天鹅减少 3000 只，白琵鹭减少约 2500 只，东方白鹳减少约 200 只。另外，小白额雁、反嘴鹬、黑腹滨鹬和罗纹鸭等常见种群的数量也在降低，降幅在 50% 以上。

在洞庭湖越冬的鹤类数量也出现明显减少趋势。自 1985 年以来，在洞庭湖自然保护区的白头鹤最多达 159 只，白枕鹤达 157 只，白鹤达 62 只，灰鹤达 800 只，而近年来种群数量急剧下降或难觅踪迹。

3.6.1.5 鼠患频繁，对水生态危害严重

东方田鼠是洞庭湖区特有的害鼠，它在洞庭湖区有三大危害：一是集群打洞危及防洪大堤安全；二是迁移入垸危害农田作物；三是传播疾病，威胁湖区人民健康和生命安全。

东方田鼠常年在湖洲荒滩繁衍生息，三峡工程前洞庭湖区的湖洲荒滩面积430万亩，而三峡大坝建成后，长江中游水位偏低，导致洞庭湖水位偏低，湖洲出水面积不断增大，冬春季洲滩连续露出天数增加，造成东方田鼠枯水季节繁殖天数增加、栖息地面积扩大、种群数量增大。2007年6月20日，三峡大坝泄洪，导致洞庭湖水位抬升，大面积湖洲荒滩被淹，引发大量害鼠迁移危害，湖区鼠患引起国内外广泛关注。

3.6.1.6 钉螺未得到有效控制

洞庭湖位于长江中下游地区，区内江河湖泊纵横，水网密布，气候适宜，具有血吸虫病中间宿主——钉螺生存传播的有利条件，血吸虫病流行历史久远，是我国血吸虫病流行最为严重的地区之一。虽经过多年的防治，洞庭湖区的疫情得到了有效控制，但由于洞庭湖区泥沙淤积严重，洲滩不断增长，芦苇湖草不断发展，再加上1996年、1998年和1999年的洪水泛滥，近年来钉螺面积又逐年回升，湖区血防形势十分严峻。目前平垸行洪、退田还湖工程使湖区的钉螺面积增加，沿湖、沿河洲滩钉螺孳生、血吸虫病严重；堤防上的涵闸在引水灌溉时引进了钉螺，垸内钉螺灭而不尽，灭螺成果难以巩固；部分傍堤筑台建镇的居民邻近疫水，而且随着洞庭湖区淡水养殖业和肉牛饲养业的发展，水上作业人员增多，人、畜粪便中的虫卵污染水体，加大了传染源的控制难度。

3.6.1.7 外来物种入侵，水生态安全存在一定隐患

目前洞庭湖湿地外来入侵物种约11种，其中有5种列入了《中国第一批外来入侵物种名单》。入侵物种包括入侵植物水葫芦、空心莲子草、豚草、意大利杨、美国黑杨和入侵动物克氏原螯虾、白蚁、蔗扁蛾、湿地松粉蚧、美洲斑潜蝇、美国白蛾等。

近年来湖区大量引种的意大利杨、美国黑杨，这种耐水速生的杨树品种特别适宜于湿地生长，杨树的大量引种目前已使洞庭湖许多地区出现植被群落结构简单化，异质性程度相对降低。如果不加以控制，很容易导致洞庭湖湖泊湿地生态系统向森林生态系统演化，破坏湖泊的自然演替，对水生态安全造成较大隐患。

3.6.1.8 水生态保护与管理存在较大问题

洞庭湖现在已建东洞庭湖、西洞庭湖、南洞庭湖、横岭湖等4个自然保护区。由于管理机制、经费、人员素质等原因，4个保护区运转不畅，保护范围和保护效率有限。另外，水生态保护涉及水利、林业、农业、环保、国土等多个部门，各部门从自己行政职能出发单项管理水生态的某一方面或环节，部门之间缺乏有效的协调和合作机制，影响了水生态保护的效率。

3.6.2 主要水生态问题影响因素

3.6.2.1 资源过度开发利用

洞庭湖区存在数万专业渔民和数量更多的半专业渔民。渔民数量和捕捞强度远超过了渔业资源承载力，加上电捕鱼、毒鱼、炸鱼、迷魂阵、挂钩、踩溜、密眼网具、干湖竭泽而渔等作业方式，直接造成了渔业资源下降。另外，洞庭湖区还存在严重的偷猎鸟类、过度放牧、过度收割芦苇和牧草等现象。

3.6.2.2 水体污染

水体污染导致鱼类栖息环境恶化，轻者影响鱼类的生长发育，严重时导致鱼类死亡。

截至 2006 年 8 月底，环洞庭湖的益阳、岳阳、常德三市共有造纸厂 101 家，其中化学制浆造纸企业 25 家，废纸造纸企业 76 家。这些企业中有碱回收环保设施的仅有两家，其余 99 家造纸企业，有些有一定的环保设施，但因运行成本高，均没有投入运行，生产废水直接排入洞庭湖中。东洞庭湖的君山至飘尾一带，由于造纸废水的排入，形成长约 15km、宽 200m 的污染带；南洞庭湖的沅水琼湖一带，也因造纸废水的排入，形成沿岸水域的污染。近年来，随着洞庭湖周边地区造纸厂、化工厂等废水排放的增加，鱼类栖息环境面临更加严峻的形势。

3.6.2.3 水利工程建设

洞庭湖区的水工建筑以及矮围、鱼堤的不断兴建，阻碍了鱼类的洄游，影响鱼类繁殖和种群补充，导致江湖洄游性鱼类资源衰退。据调查，在洞庭湖区通航河流上共建坝 100 余座，普遍没有预留鱼类通道，影响入湖干流与洞庭湖区鱼类的交流。此外，三峡水库的调度运行也将对洞庭湖鱼类资源造成一定程度的影响，如低温水下泄，长江干流四大家鱼繁殖期延迟，或因缺乏产卵所需的水动力学条件而无法繁殖，使洞庭湖区四大家鱼的苗种来源减少。

3.7 主要河湖生态系统健康状况评价

河湖生态系统健康评价是从流域的可持续发展和水生态健康管理的角度出发，是对河湖各方面特征的综合评价，其结果更加全面、客观。评价结果对于湖南省主要河湖的生态修复、水资源的合理开发等将提供重要的科学依据。

3.7.1 评价指标体系建立原则与方法

3.7.1.1 评价指标体系建立原则

河湖生态系统健康状况评价所构建的评价指标体系应能够反映河流水文条件、水质条件、栖息地质量和生物状况，反映系统总体的健康现状以及变化趋势。因此，在借鉴国内外健康评价研究的基础上，以科学、实用、简明的选取原则，具体考虑以下几个方面。

（1）全面性和概括性相结合。河湖生态系统是一个复杂的系统，其河湖健康状况受很多因素的影响。在研究和评价过程中，应全面反映河湖系统状况，但同时又要求指标简洁、精练，尽量避免指标之间的信息重叠性。因此，尽可能选择综合性强、覆盖面广的指标，而避免选择过于具体详细的指标，同时，应考虑河湖特点，抓住主要的、关键性指标。

（2）系统性和层次性相结合。要求建立的指标体系层次分明，具有系统化和条理化，能将复杂的问题用简洁明了、层次感较强的指标体系表达出来，充分展示河湖生态系统健康状况。

（3）可行性与可操作性相结合。当前建立的指标体系往往理论性较好，但实践可操作性不强。因此，在选择指标时，不能脱离指标依托的相关条件的实际。指标的物理意义必须明确，数据易采集，并且具有独立的内涵。采用便于理解和应用的方法表示，尽量使其量化。

（4）可比性与灵活性相结合。河湖生态系统健康状况评价是一项长期工作，所获取的数据和资料无论在时间上还是空间上，都应具有可比性。因此，指标的选取和计算应尽量做到统一和规范，指标体系能在统一的基础上比较各个河湖的健康状况。同时，指标的选取还应具备灵活性，根据河湖的具体情况进行相应调整。

（5）连续性和动态性。指标体系能够在一个较长的时期内保持其连续性，有效反映不同发展阶段对健康河湖的要求，并且能够根据不同时期经济社会发展特点对评价指标体系进行修改。

3.7.1.2　评价指标体系构建方法

对于评价指标的筛选既要全面考虑上述原则，又要考虑到各项原则的特殊性以及目前研究认识上的差异，根据实际情况确定河湖健康状况。综合采用频度统计法、理论分析法和专家咨询法进行指标的选取。结合国内外相关论著，对采用频率高的指标进行分析、筛选、提炼和归纳，提出关键指标，进而采用理论分析法对关键指标进行分析，根据每个指标的代表性、综合性和系统性，再对指标进行取舍，最后采用专家咨询法，综合专家意见，调整完善指标体系。

调查研究法是在通过调查研究有关指标基础上，利用比较归纳法进行归类，根据评价模板设计评价指标体系，再以问卷形式把所设计的评价指标体系发给有关专家填写的一种搜集信息的研究方法。专家咨询法指在初步提出评价指标基础上，进一步征询有关专家的意见，对指标进行调整。理论分析法主要利用河湖生态系统健康评价相关的学科知识，如生态水文学、环境学等相关理论，进行指标体系的综合比较分析，选择密切相关、针对性强的指标。

3.7.2　河湖健康评价指标体系结构

基于河湖健康基本理论，在综合国内外最新研究成果和咨询国内专家意见基础上，结合湖南省主要河湖的实际情况，将河湖生态系统健康状况评价指标体系设计为3个层次构成，分别为目标层、准则层和指标层。目标层（A）为单一目标——河湖生态系统健康状况水平；准则层（B）包括4子目标；指标层（C）共有15个，全面反映河湖生态系统健康状况的各个方面。其构成见表3.7.1。

表 3.7.1　　　　　　　河湖生态系统健康状况评价指标体系

目标层（A）	准则层（B）	指标层（C）	备　注
河湖生态系统健康水平	水文状况	水文改变度	河流、湖泊
		最小生态需水保障度	河流、湖泊
	水环境状况	水质类别	河流、湖泊
		水功能区水质达标率	河流
		富营养化指数	湖泊
	物理结构状况	纵向连通度	河流
		河湖连通度	河流、湖泊
		岸带植被覆盖度	河流、湖泊
		湖泊萎缩状况	湖泊
	水生物状况	珍惜鱼类生物存活状况	
		鱼类生物多样性指数	

（1）目标层。目标层是对河湖生态系统健康评价指标体系的高度概括，用以反映河湖生态系统健康状况水平，是根据准则层和指标层聚合的结果。

（2）准则层。准则层从不同侧面反映河湖生态系统健康状况，包括水文状况、水环境状况、物理形态状况和水生物状况 4 个方面，较为全面地涵盖了河湖生态系统健康状况评价的特性。

（3）指标层。指标层是在准则层下选取若干指标所组成，所选取的指标以定量为主、定性为辅，对于易获得的指标通过量化指标来反映，不能量化的指标通过定性描述来反映。

3.7.3　河湖健康评价指标计算方法

3.7.3.1　水文状况指标

（1）水文改变度。水文过程改变度指现状开发状态下，评估河段年内实测月径流（水位）过程与天然月径流（水位）过程的差异。其中河流可用流量、湖泊可用水位来反映。河流水文改变度主要反映评估河流监测断面以上流域水资源开发利用对评估河段河流水文情势的影响程度。

以河流健康评价为例，河流水文改变度由评估年逐月实测径流量与天然月径流量的平均偏离程度表达。计算公式为

$$\mathrm{FD} = \left\{ \sum_{m=1}^{12} \left(\frac{q_m - Q_m}{\overline{Q}_m} \right)^2 \right\}^{1/2}, \quad \overline{Q}_m = \frac{1}{12} \sum_{m=1}^{12} Q_m \tag{3.7.1}$$

式中：q_m 为评估年实测月径流量；Q_m 为评估年天然月径流量；$\overline{Q}_m$ 为评估年天然月径流量年均值，天然径流量按照水资源调查评估相关技术规划得到的还原量或取人类活动影响较小的历史径流量代替。

（2）最小生态需水保障程度。河流生态流量是指为维持河流生态系统的不同程度生态系统结构、功能而必须维持的流量过程。采用最小生态流量进行表征，控制断面径流系列中，达到维持河流水生生物生存环境和生态所需流量的系列长度占系列总长度的比例。其计算公式为

$$最小生态流量保障程度（\%） = \frac{控制断面流量达到生态流量的系列长度（d）}{系列总长度（d）} \times 100\%$$

其中，最小生态流量计算可参考 Tennant 法进行计算。

3.7.3.2　水环境状况指标

（1）水质类别。水质类别用于表征河流水体的质量。目前环保部门和水利部门已开展常规水质监测，监测断面、监测方法和监测内容已经成熟，监测结果定期向公众发布，因此水质类别在全国各类河流监测时可作为通用的指标使用。

地表水环境质量标准基本项目有 24 项，包括 COD、BOD、氨氮等。地表水环境质量评价应根据规定的水域功能类别，选取相应类别标准，进行单因子评价。

（2）水功能区水质达标率。水功能区水质达标率指河流水体水质符合水功能区水质目标的水功能区河段长度占评价水功能区总长度的比例，为使该指标更能体现各分区水质优劣，采用以下计算公式，即

$$\text{水功能区水质达标率（\%）}=\frac{\text{Ⅲ类水以上河段长度（包括Ⅲ类）（km）}}{\text{评价河长（km）}}\times100\%$$

（3）富营养化指数。富营养化指数是反映水体富营养化状况的评价指标，主要包括水体透明度、氮磷含量及比值、溶解氧含量及其时空分布、藻类生物量及种类组成、初级生物生产力等指标。富营养化状况评价项目应包括叶绿素a、总磷、总氮、透明度、高锰酸盐指数，其中叶绿素a为必评项目。采用《地表水资源质量评价技术规程》（SL 395—2007）中的营养状态指数（EI）评价湖库营养状态（贫营养、中营养、富营养），其计算公式为

$$EI=\sum_{n=1}^{N}\frac{E_n}{N} \tag{3.7.2}$$

式中：EI 为营养状态指数；E_n 为评价项目赋分值；N 为评价项目个数。

3.7.3.3 物理结构状况指标

（1）河流纵向连通度。河流纵向连通度指在河流系统内生态元素在空间结构上的纵向联系，可从下述几个方面得以反映：闸坝等挡水建筑物的数量及类型；鱼类等生物物种迁徙顺利程度；营养物质的传递，可用每百千米闸坝个数来表示。纵向连续度可以用式（3.7.3）表达，即

$$G_2=\frac{N}{L} \tag{3.7.3}$$

式中：N 为河流挡水建筑物数量，个；L 为河流的长度，km。

（2）河湖连通度。河湖连通状况指湖泊水体与出入湖河流及周边湖泊、湿地等自然生态系统的连通性，反映湖泊与湖泊流域的水循环健康状况。影响河湖连通的主要问题包括筑堤建闸、湖泊取水、入湖湖泊萎缩等，导致出入湖水量大幅减少、河湖水体流动性趋弱、水力滞留时间延长、洪水出路不畅、洄游通道阻隔等问题的出现。

环湖河流连通状况重点评价主要包括环湖河流与湖泊水域之间的水流畅通程度；环湖河流连通状况评估对象包括主要入湖河流和出湖河流。环湖河流连通度按照式（3.7.4）计算，即

$$R=\frac{\text{现有河湖连通数量}}{\text{历史河湖连通数量}} \tag{3.7.4}$$

考虑到我国对河流建闸主要发生在20世纪50—80年代，因此，历时参考点可以选择在20世纪50年代以前。

（3）岸带植被覆盖度。复杂多层次的河岸植被是河岸带结构和功能处于良好状态的重要表征。植被相对良好的河岸带对河流胁迫压力具有较好的缓冲作用。河岸带水边线以上范围内乔木（6m以上）、灌木（6m以下）和草本植物的覆盖度是评估重点。植被覆盖度是指植被（包括叶、茎、枝）在单位面积内植被的垂直投影面积所占百分比。分别调查计算乔木、灌木及草本植物的覆盖度，采用直接评判法评估。

（4）湖泊萎缩状况。随着人类经济社会活动增加，在土地围垦、取水等人类活动影响较大区域，出现了湖泊水位持续下降、水面积和蓄水量持续减少的现象，导致湖泊萎缩甚至干涸。其指标计算公式为

$$ASR = \frac{A_C}{A_R} \tag{3.7.5}$$

式中：A_C 为评估年湖泊水面面积；A_R 为历时参考水面面积。

考虑到我国对湖泊的大规模围垦主要发生在 20 世纪 50—80 年代，因此，历时参考点可以选择在 20 世纪 50 年代以前。

3.7.3.4　水生物状况指标

（1）珍稀鱼类存活状况。珍稀鱼类存活状况指珍稀水生生物或特征水生生物在河流中生存繁衍，物种存活质量与数量的状况，可用珍稀水生生物数量增减来定性判断。珍稀水生生物包括国家重点保护的、珍稀濒危的、土著的、特有的、具重要经济价值的水生物种。

项目用珍稀水生生物存活状况表征河流珍稀水生生物种群变化情况，并根据不同情况分别采用以下两种方法进行评价。

1）定性评价：通过国家或地方相关名录和背景调查，了解所涉及流域范围内存在的珍稀水生生物。以珍稀水生生物存在与否、存活质量与数量为主要考虑因素，采用专家判定法对存活状况进行评价，一般以珍稀水生生物数量增减作为定性判断的依据。

2）定量评价：通过珍稀水生生物特征期聚集河段的捕捞情况来定量反映其存活状况。特征期主要为成熟期、产卵期、洄游期。不同河流不同珍稀水生生物在数量上有很大差异，导致捕捞到的次数也有所不同，在确定评价标准时需针对特征水生生物分别制定。

珍稀鱼类生物存活状况指评估河段内鱼类种数现状与历史参考系鱼类种数的差异状况，调查鱼类种类不包括外来物种。该指标反映流域开发后，河流生态系统中顶级物种受损失状况。基于历史调查数据分析统计评估河流的鱼类种类数，在此基础上开展专家咨询调查，确定本评估河流所在水生态分区的鱼类历史背景状况，建立鱼类指标调查评估预期。珍稀鱼类生物存活指数计算公式为

$$FOE = \frac{FO}{FE} \tag{3.7.7}$$

式中：FOE 为鱼类生物存活指数；FO 为评估河段调查获得的鱼类种类数量；FE 为 1980年以前评估河段的鱼类种类数量。

（2）鱼类生物多样性指数。生物多样性指数指被评价河流中生物种类和数量的多样性。生物群落的物种多样性指数主要由种类数目、生物量及不同种类个体所占比例等因素决定。当前研究中常用的生物多样性计算方法为 Shannon-Wiener 多样性指数，其计算公式分别为

$$D = -\sum_{i=1}^{s} \left(\frac{n_i}{N}\right) \ln\left(\frac{n_i}{N}\right) \tag{3.7.8}$$

式中：D 为 Shannon-Wiener 多样性指数；N 为抽样调查范围内全部个体总数；n_i 为第 i个种的个体数量；s 为种类数量。

3.7.4　评价指标标准的确定

河湖生态系统健康状况评价是一个动态的不断变化的过程。参照其他评价模式，将河湖生态系统健康状况评价指数划分成 5 个等级：Ⅰ级河流健康状况优，综合指数为 0.8～1.0；Ⅱ级河流健康状况良，综合指数为 0.6～0.8；Ⅲ级河流健康状况中，综合指数为

0.4～0.6；Ⅳ级河流健康状况差，综合指数为 0.2～0.4；Ⅴ级河流健康状况极差，综合指数为 0～0.2。河湖生态系统健康评价分级见表 3.7.2。

表 3.7.2 河湖生态系统健康评价分级体系

级别	健康状况	颜色	评价标准	说　明
Ⅰ级	优	蓝	0.8～1.0	接近参考状况或预期目标
Ⅱ级	良	绿	0.6～0.8	与参考状况或预期目标有较小差异
Ⅲ级	中	黄	0.4～0.6	与参考状况或预期目标有中度差异
Ⅳ级	差	橙	0.2～0.4	与参考状况或预期目标有较大差异
Ⅴ级	极差	红	0～0.2	与参考状况或预期目标有显著差异

项目针对湖南省主要河湖实际情况，确定了各指标的评价等级标准，对于定量指标的标准，借鉴有关历史资料或参照点位状况、相关研究成果与国家国际适用标准或地区标准及行业标准，并通过多区域对比分析来确定标准值；定性指标的评价标准采用定性描述、专家评判及公众参与等方法来确定。各级指标标准特征值见表 3.7.3。

表 3.7.3 河湖生态系统健康评价指标标准特征值

准则层（B）	指标层（C）	标准特征值				
		Ⅰ级	Ⅱ级	Ⅲ级	Ⅳ级	Ⅴ级
水文状况	水文改变度	≤0.5	1.0	2.0	3.0	≥4.0
	最小生态需水保证率/%	≥90	80	65	50	≤50
水环境状况	水质类别	Ⅰ	Ⅱ	Ⅲ	Ⅳ	Ⅴ
	水功能区水质达标率/%	≥80	60	40	20	≤20
	富营养化指数	≤20	40	60	80	100
物理结构状况	河流纵向连通度	≤1	2	3	4	≥5
	河湖连通度	≥0.9	0.8	0.7	0.6	≤0.5
	岸带植被覆盖度/%	≥80	60	40	20	≤10
	湖泊萎缩状况/%	≤5	10	20	30	≤40
水生物状况	珍稀鱼类存活状况	优	良	中	差	极差
	鱼类生物多样性指数	≥4	3	2	1	≤1

3.7.5　河湖生态系统健康状况评价模型

3.7.5.1　评价技术路线

河湖生态系统健康状况评价受多种因素的影响和制约，具有层次性和动态性的特点，涉及的评价指标较多，只有对这些评价指标的结果进行整合，才能合理给出影响评价结果。其中多层次多指标评价是把多个描述被评价对象不同方面且量纲不同的统计指标转化为相对评价值，然后综合这些评价值得出对待评价事物的整体性评价。

对于河湖生态系统健康评价，首先要进行资料收集和调查研究，收集有关研究成果、统计资料和观测数据。在资料基础上，对评价对象进行分析，建立包括目标层、要素层、属性层及指标层的河湖生态系统健康状况指标体系。项目针对由目标层、属性层、要素层及指标层构成的指标体系，采用由下至上的评价方式，从指标层开始逐层计算，先评价各分层的指标状况，在此基础上再对河湖生态系统健康状况的总目标层进行评价。项目对各层的评价对象进行评价，包括评价方法的选取、评价指标的量化和标准化、指标权重的确定和指标评价值的合成。最后，项目根据评价过程中得到的信息，对河湖健康状况进行整体评价，为湖南省主要河湖管理提供决策依据。

3.7.5.2　评价模型构建

项目为克服指标权重确定的主观性与大量指标同时赋权的混乱，提高评价的简便性和准确性，通过层次分析法确定权重，采用模糊层次综合评价模型进行评价，具体评价模型步骤如下。

（1）建立评价指标集 $I=\{u_1, u_2, \cdots, u_n\}$。分别代表评价指标的集合，$n$ 代表各指标的数目。

（2）建立评价标准 $\boldsymbol{H}=\begin{bmatrix} h_{11} & h_{12} & \cdots & h_{1m} \\ \vdots & \vdots & \ddots & \vdots \\ h_{n1} & h_{n2} & \cdots & h_{nm} \end{bmatrix}$。指河湖生态系统健康状况分级，分别代表 m 个级别。

（3）指标权重确定。采用层次分析法确定各要素及类别权重，与各具体指标的层次总排序权重集 $\boldsymbol{W}=(w_1 \quad w_2 \quad \cdots \quad w_n)$。

（4）建立单因素评判矩阵 $\boldsymbol{R}$。根据各指标特征，拟定各具体指标的隶属函数，由隶属函数计算出准则层包含各类指标的评判矩阵 $\boldsymbol{R}$，即

$$\boldsymbol{R}=\begin{bmatrix} R_1 \\ \vdots \\ R_n \end{bmatrix}=\begin{bmatrix} r_{11} & \cdots & r_{1m} \\ \vdots & \ddots & \vdots \\ r_{n1} & \cdots & r_{nm} \end{bmatrix} \tag{3.7.9}$$

隶属函数采用梯形隶属函数，等级评价标准取值范围的平均值。隶属度的计算分为正向指标和负向指标。

正向指标的隶属函数为

$$\left.\begin{aligned} &r_{ij}=0, \ 0<x_i<h_{ij} \\ &r_{ij}=\frac{h_{ij+1}-x_i}{h_{ij+1}-h_{ij}}, \ h_{ij}<x_i<h_{ij+1} \\ &r_{ij+1}=\frac{x_i-h_{ij}}{h_{ij+1}-h_{ij}}, \ h_{ij}<x_i<h_{ij+1} \\ &r_{ij}=1, \ x_i>h_{ij} \end{aligned}\right\} \tag{3.7.10}$$

负向指标的隶属函数为

$$\left.\begin{aligned} &r_{ij}=0, \ x_i>h_{ij} \\ &r_{ij}=\frac{h_{ij+1}-x_i}{h_{ij+1}-h_{ij}}, \ h_{ij}<x_i<h_{ij+1} \\ &r_{ij-1}=\frac{x_i-h_{ij}}{h_{ij-1}-h_{ij}}, \ h_{ij}<x_i<h_{ij-1} \\ &r_{ij}=1, \ 0<x_i<h_{ij} \end{aligned}\right\} \tag{3.7.11}$$

（5）进行模糊层次综合评判。采用模糊合成加权线性变换完成模糊合成，即

$$\boldsymbol{B}=\boldsymbol{W}\cdot\boldsymbol{R}=(w_1 \quad w_2 \quad w_3 \quad w_4 \quad w_5)\begin{bmatrix} r_{11} & \cdots & r_{15} \\ \vdots & \ddots & \vdots \\ r_{n1} & \cdots & r_{n5} \end{bmatrix}=(B_1 \quad B_2 \quad B_3 \quad B_4 \quad B_5)$$

$$(3.7.12)$$

根据以上公式可以计算出河湖健康评价隶属度矩阵，并对结果进行归一化处理，从而评价河湖生态系统健康状况。

3.7.5.3 权重确定方法

目前，用于计算多指标综合评价中各指标权重的方法有很多种，如德尔菲法（Delphi）、层次分析法（AHP）、熵值确定法、均方差法、隶属频度法、主成分分析法等，各个方法各有利弊，各有自己适合的情况。项目拟采用层次分析法确定评价指标的权重，其步骤如下。

（1）分析系统中各因素之间关系，建立系统的递阶层次结构。

（2）对同一层次的各元素关于上一层次中某一准则（或要素）的重要性进行两两比较，构造判断矩阵。在咨询有关专家的基础上，运用1～9标度评分方法判定其相对重要性或优劣程度，具体见表3.7.4。

表 3.7.4　　　　　　　　　　　判断矩阵的标度及含义

标　度	含　　义
1	表示两个因素相比，具有同样重要性
3	表示两个因素相比，一个因素比另一个因素稍微重要
5	表示两个因素相比，一个因素比另一个因素明显重要
7	表示两个因素相比，一个因素比另一个因素强烈重要
9	表示两个因素相比，一个因素比另一个因素极端重要
2，4，6，8	介于以上两相邻判断的中值
倒数	指标 B_i 与 B_j 相比得判断 λ_{ij}，则 B_j 与 B_i 相比得判断 $\lambda_{ji}=\dfrac{1}{\lambda_{ij}}$

（3）由判断矩阵计算层次单排序权重值，并进行一致性检验。

根据判断矩阵，计算出其最大特征值及其对应的特征向量。判断矩阵的特征向量即为各层次中相应元素对于上一层次某个元素相对重要性权值，即层次单排序。计算特征向量的方法采用乘积方根法（几何平均值法）。

1）在判断矩阵 $\boldsymbol{A}$ 中，先按行将各元素连乘并开 n 次方，即求各行元素的几何平均值，即

$$b_i=\Big(\prod_{j=1}^{n}\delta_{ij}\Big)\frac{1}{n} \quad i=1,2,\cdots,n \qquad (3.7.13)$$

2）再把 $b_i(i=1,2,\cdots,n)$ 归一化，即求得最大特征值所对应的特征向量，即

$$w_j=\frac{b_j}{\sum_{k=1}^{n}b_k} \quad j=1,2,\cdots,n \qquad (3.7.14)$$

3）由 $\boldsymbol{W} = (w_1 \quad w_2 \quad \cdots \quad w_n)^T$，则判断矩阵 $\boldsymbol{A}$ 的最大特征值 $\lambda_{\max}$ 满足 $\boldsymbol{AW} = \lambda_{\max}\boldsymbol{W}$，即得到

$$\sum_{j=1}^{n} \delta_{ij} w_j = \lambda_{\max} w_j \quad j = 1, 2, \cdots, n \tag{3.7.15}$$

4）计算判断矩阵的最大特征值 $\lambda_{\max}$，即

$$\lambda_{\max} = \frac{1}{n} \sum_{i=1}^{n} \frac{\sum_{j=1}^{n} \delta_{ij} w_j}{w_i} \tag{3.7.16}$$

项目采用随机一致性比率 $C.R.$ $\left(C.R. = \dfrac{C.I.}{R.I.}\right)$ 衡量判断矩阵的一致性。其中，一致性指标 $C.I. = \dfrac{\lambda_{\max} - n}{n-1}$。

平均随机一致性指标 $R.I.$ 在样本容量为 1000 下的均值见表 3.7.5。

表 3.7.5　　　　　　　　　平均随机一致性指标 $R.I.$ 值

n	2	3	4	5	6	7	8
$R.I.$	0	0.5149	0.8931	1.1185	1.2494	1.3450	1.4200
n	9	10	11	12	13	14	15
$R.I.$	1.4616	1.4874	1.5156	1.5405	1.5583	1.5779	1.5894

判断矩阵的一致性准则为 $C.R. = \dfrac{C.I.}{R.I.} < 0.10$，即当 $C.R. < 0.10$ 时，判断矩阵有可接受的不一致性；否则，就认为初步建立的判断矩阵不能令人满意，需要重新赋值，仔细修正，直至一致性检验通过为止。

（4）对层次单排序权重值进行综合，计算层次总排序权重值；并进行层次总排序的一致性检验。

3.7.6　主要河湖生态系统健康综合评价

3.7.6.1　评价指标权重确定

项目采用层次分析法对权重进行确定。对评价因素的重要程度进行两两比较，构造判断矩阵，通过计算及其一致性检验，其评价指标权重结果见表 3.7.6。

表 3.7.6　　　　　　　　　评 价 指 标 权 重 结 果

目标层（A）	准则层（B）		指标层（C）	
河湖生态系统健康状况水平	水文状况	0.2	水文改变度	0.4
			最小生态需水保证率	0.6
	水环境状况	0.3	水质类别	0.4
			水功能区水质达标率	0.6
			富营养化指数	0.6
	物理结构状况	0.2	河流纵向连通度	0.4
			河湖纵向连通度	0.4

续表

目标层（A）	准则层（B）		指标层（C）	
河湖生态系统 健康状况水平	物理结构状况	0.2	岸带植被覆盖度	0.6
			湖泊萎缩状况	0.6
	水生物状况	0.3	珍稀鱼类存活状况	0.4
			鱼类生物多样性指数	0.6

3.7.6.2 模糊层次综合评价

洞庭湖流域是一个以洞庭湖为中心，从四面八方向中央汇流的辐射状河网，洞庭湖水系的河流可以分为三大类：一类是发源于湖南边境山区的湘水、资水、沅水、澧水，简称四水；第二类是从长江四口流入洞庭湖的河流，简称四口河流；第三类是区内水系河流，汨罗江和新墙河与四水河流一样是独立河流，由于流域面积相对较小，研究中将其合并于洞庭湖周边河道中。

项目以 20 世纪 60 年代以前洞庭湖流域自然特征为依据，并以此确定现状值 2010—2016 年洞庭湖主要河湖生态系统健康状况，主要包括湘水、资水、沅水、澧水和洞庭湖湖区。洞庭湖主要河湖健康评价指标现状值见表 3.7.7。

表 3.7.7 洞庭湖主要河湖健康评价指标现状值

准则层（B）		指标层（C）		现状值				
				湘水	资水	沅水	澧水	洞庭湖 湖区
水文状况	0.2	水文改变度	0.4	3.1	1.9	1.8	1.7	0.5
		最小生态需水保证率	0.6	91%	71%	96%	90%	85%
水环境状况	0.3	水质类别	0.4	Ⅲ	Ⅱ	Ⅲ	Ⅱ	Ⅴ
		水功能区水质达标率	0.6	95%	100%	95%	100%	—
		富营养化指数	0.6	—	—	—	—	47
物理结构状况	0.2	河流纵向连通度	0.4	1.3	1.4	1.0	2.8	—
		河湖纵向连通度	0.4					0.89
		岸带植被覆盖度	0.6	55%	79%	70%	90%	93%
		湖泊萎缩状况	0.6	—	—	—	—	40%
水生物状况	0.3	珍稀鱼类存活状况	0.4	差	差	差	差	极差
		鱼类生物多样性指数	0.6	2.4	1.9	3.3	2.6	1.9

项目根据确定的现状指标和评价标准，并结合评价指标权重，采用模糊层次分析法分别计算评价指标的模糊综合评价矩阵 **R**，在汇总计算结果的基础上由各个指标模糊运算结果生成一级评价结果。根据最大隶属度原则，综合指数的评分值越大，则河流健康越优；否则相反。项目通过对洞庭湖主要河湖现状指标进行评价计算分析，洞庭湖湖区健康指数为 0.5，河流健康状况属于中等水平；湘水、资水、沅水和澧水的健康状况指数分别为 0.6、0.61、0.72 和 0.69，因此，洞庭湖四水健康状况总体属于良好。从 20 世纪 90 年代

至今，洞庭湖生态系统健康指数总体呈现递减趋势，说明洞庭湖河湖健康状况呈下降趋势。近几十年来，洞庭湖流域社会经济快速发展，严重影响了生态系统结构和功能。浮游植物种类趋于单一，群落结构趋于简单，生物多样性不断降低，水生态系统初级生产力失衡，蓝藻水华时而爆发；底栖动物种群生物量锐减；鱼类种类减少，小型化趋势严重，渔业产量不断萎缩；湖泊水面面积逐渐减少，水生植被面积也不断缩小，部分湖区生物多样性严重降低，湖区以挺水植物占据优势。水质方面，由于污染物大量排放，水体富营养化趋势显著，大量冶炼废水的排入，使得湖区底泥重金属污染相当严重，存在较大的生态风险。

3.8 小　结

本章从洞庭湖流域水文、水质、物理形态和生态方面进行了综合调查评价，并对水生态问题和影响因素进行了分析。

（1）四水以及荆江三口流量不断下降，三口断流加剧，水资源形势严峻，湖区水位显著下降，尤其在三峡水库蓄水期间（10 月）尤为显著。

（2）洞庭湖总体水质呈下降趋势，目前为 V 类，影响水质的主要污染物是总氮和总磷，大多数水质指标维持在 Ⅲ 类，其中东洞庭湖污染较严重。

（3）荆江三口河道以及洞庭湖淤积严重，洞庭湖水面面积与容积严重萎缩，蓄洪能力剧降。

（4）洞庭湖水生态系统总体上处于良好状态，近年来由于多种因素的影响，出现了明显的退化趋势，主要表现为湿地功能弱化、珍稀水生动物濒危程度加剧、鱼类资源严重衰退、水鸟数量明显减少等。其原因为资源过度开发利用、水环境污染以及水利工程建设。

第4章　洞庭湖流域生态水文情势演变规律

4.1　数据资料与研究方法

4.1.1　数据资料

本章主要以洞庭湖水系控制水文站点逐日流量和水位资料为基础，其中荆江三口松滋口（新江口、沙道观）、太平口（弥陀寺）和藕池口（康家岗、管家铺）的5个水文站数据采用1955—2016年资料系列，湖南湘、资、沅、澧四水（湘潭、桃江、桃源、石门）的4个水文站数据采用1959—2016年资料系列，洞庭湖3个典型水文站城陵矶七里山站、南咀站、杨柳潭站采用1959—2016年的实测数据作为东洞庭湖、西洞庭湖、南洞庭湖控制水文站的数据系列，分析洞庭湖流域生态水文变化，为洞庭湖水资源配置规划、供需水预测、水资源合理配置研究提供参考依据。

4.1.2　研究方法

4.1.2.1　Mann-Kendall 检验法

（1）趋势性检验。Mann-Kendall 法（简称 M-K 法）是一种得到广泛应用的趋势性非参数统计检验方法[62-64]，其统计量为

$$S = \sum_{i=1}^{n-1} \sum_{j=i+1}^{n} \operatorname{sgn}(x_j - x_i) \tag{4.1.1}$$

$$\operatorname{sgn}\theta = \begin{cases} 1, & \theta > 0 \\ 0, & \theta = 0 \\ -1, & \theta < 0 \end{cases} \tag{4.1.2}$$

式中：x_i、x_j 为样本数据值；n 为数据集合长度。

当 $n > 40$ 时，检验统计量为

$$Z_c = \begin{cases} \dfrac{S-1}{\sqrt{\operatorname{var}(S)}}, & S > 0 \\ 0, & S = 0 \\ \dfrac{S+1}{\sqrt{\operatorname{var}(S)}}, & S < 0 \end{cases} \tag{4.1.3}$$

$$\operatorname{var}(S) = \frac{[n(n-1)(2n+5) - \sum_t t(t-1)(2t+5)]}{18} \tag{4.1.4}$$

式中：t 为任意给定节点的范围；$\sum_t$ 是所有节点的总和。

在双边趋势检验中，在给定的 a 置信水平上，如果 $|z_c| \geqslant z_{1-a/2}$，则原假设是不可接

受的，即在 a 置信水平上，时间序列数据存在明显的上升或者下降趋势。对于统计量 $z_c >$ 0 时，说明呈上升趋势；$z_c < 0$ 时，则为下降趋势。当 $a = 0.05$ 时，根据正态分布函数值表，可查的 $z_{1-a/2} = 1.96$；$a = 0.01$ 时，$z_{1-a/2} = 2.58$。

（2）突变检验。对于具有 n 个样本量的时间序列 x，构造一个秩序列，即

$$S_k = \sum_{i=1}^{k} r_i, \quad k = 1, 2, \cdots, n \tag{4.1.5}$$

其中

$$r_i = \begin{cases} +1, & x_i > x_j \\ 0, & x_i \leqslant x_j \end{cases}, \quad j = 1, 2, \cdots, i \tag{4.1.6}$$

可见，秩序列 S_k 是第 i 时刻数值大于 j 时刻数值的累计数。

在时间序列随机独立的假定下，定义统计量为

$$UF_k = \frac{[S_k - E(S_k)]}{\sqrt{\mathrm{var}(S_k)}}, \quad k = 1, 2, \cdots, n \tag{4.1.7}$$

其中，$UF_1 = 0$，$E(S_k)$，$\mathrm{var}(S_k)$ 累计数 S_k 的均值和方差，在 x_1、x_2、$\cdots$、x_n 相互独立且具有相同连续分布时，它们可由式（4.1.8）和式（4.1.9）算出，即

$$E(S_k) = \frac{n(n+1)}{4} \tag{4.1.8}$$

$$\mathrm{var}(S_k) = \frac{n(n-1)(2n+5)}{72} \tag{4.1.9}$$

UF_i 为标准正态分布，它是按时间序列 x 顺序 x_1，x_2，$\cdots$，x_n 计算出的统计量序列，给定显著性水平 α，通过正态分布表查 U_α，如果 $|UF_i| > U_\alpha$，则表示序列存在明显的趋势变化[63]。

按时间序列 x 逆序 x_n，x_{n-1}，$\cdots$，x_1 重复上述过程，同时 $UB_k = -UF_k (k = n, n-1, \cdots, 1)$，$UB_1 = 0$。根据分析绘出 UF_k 和 UB_k 的曲线图。如果 UF_k 或者 UB_k 的值大于 0，则报名序列呈上升趋势，小于 0 则表示序列呈下降趋势。当它们超过临界直线时，表明上升或下降显著。超过临界线的范围确定为突变的时间范围。如果 UF_k 和 UB_k 曲线出现交点，且交点在临界线之间，那么交点对应的时刻便是突变开始的时间。

4.1.2.2　累积距平法

对于某一时间序列 $x(x_1, x_2, \cdots, x_n)$，其在某一时间 t 的累积距平值可表示为

$$x_t = \sum^{t} (x_i - \overline{x}), \quad t = 1, 2, \cdots, n \tag{4.1.10}$$

其中

$$\overline{x} = \frac{1}{n} \sum_{i=1}^{n} x_i, \quad t = 1, 2, \cdots, n$$

累积距平法的核心是根据距平值来判断各离散数据相对于序列均值的离散程度，若累积距平值 x_t 增大，表明离散数据大于其平均值，若 x_t 减小，则表明小于其平均值，从累积距平曲线明显的起伏波动可判断序列长期显著的趋势变化。如果在时间序列累积距平曲线中，由 x_t 增大和减小的两部分组成，则可确定时间序列趋势变化的拐点。[65]

4.1.2.3　滑动 T 检验法

滑动 T 检验主要是通过考察两组样本的平均值差异是否明显来检验突变。[66] 主要是通

过比较水位序列中的两个子序列之间的均值是否存在显著差异来检验，若是两段子序列之间的均值差异超过显著水平，则认为发生了突变。对于样本量为 n 的时间序列设置一个基准点，将基准点前后的子序列 x_1 和 x_2 的样本分别设置为 n_1 和 n_2，两端子序列的平均值分别为 $\bar{x}_1$ 和 $\bar{x}_2$，方差分别为 S_1^2 和 S_2^2。定义统计量为

$$t = \frac{\bar{x}_1 - \bar{x}_2}{S\sqrt{\dfrac{1}{n_1} + \dfrac{1}{n_2}}} \tag{4.1.11}$$

其中：

$$S = \sqrt{\frac{n_1 S_1^2 + n_2 S_2^2}{n_1 + n_2 - 2}}$$

方程遵从 $\tau = n_1 + n_2 - 2$ 的 t 分布。根据 t 统计量的曲线是否超过 t 分布的 α 显著水平线，若超过了显著水平线，则该序列出现突变。但该方法子序列的选取具有较强的人为性，子序列的长度变化会造成突变点的漂移，因此对于子序列长度的选取应该反复变动，以提高精确性。

4.1.2.4 变动范围法及水文改变度

为了定量分析水利工程影响的河流水文情势的变化程度，Richter 等提出了变动范围法（Range of Variability Approach，RVA），该法建立在水文变化指标法（Indictors of Hydrologic Alteration，IHA）的基础上，利用建立的生态水文指标评价受水利工程影响的河流水文情势。[67,68]

（1）水文变化指标法。水文变化指标法以水文情势的 5 种基本特征为基础，将 33 个水文指标分为 5 组，具体水文参数见表 4.1.1。IHA 法根据河流的日水文资料，计算具有生态意义的关键水文特征值，并计算它们年际的集中量数（如中值或平均值）及离散系数（如范围、标准偏差、变异系数），以对人类活动干扰前和干扰后的河流水流状况进行描述。

表 4.1.1　　　　　　　　　　　IHA 法的生态水文参数

IHA 参数组	水　文　参　数
月流量值	每月流量的平均值或中值（12 项指标）
年极值水文状况大小及历时	年均 1d、3d、7d、30d、90d 最小流量以及最大流量、断流天数、基流指数① （12 项指标）
年极值水文状况发生时间	年最大、最小一天发生的日期（罗马日②）（2 项指标）
高、低流量脉冲的频率及历时	每年高、低流量脉冲数③ 以及脉冲持续时间的平均值或中值（4 项指标）
水流条件变化率及频率	涨幅、降幅的年均值或中值以及流量变化次数④（3 项指标）

① 基流指数为年最小连续 7d 流量与年均值流量的比值。
② 罗马日表示公历一年中第多少天。
③ 低脉冲定义为低于干扰前流量 25% 频率的日均流量，高脉冲定义为高于干扰前流量 75% 频率的日均流量。
④ 流量变化次数指日流量由增加变化为减少或由减少变化为增加的次数。

（2）变动范围法。变动范围法（RVA）建立在分析 IHA 指标的基础上，分析水利工程建设前后河道的日流量数据，评估水文指标变化程度。水文改变指标受影响的标准需要以生态方面受影响的资料为依据，若缺乏此方面的资料，通常以各指标的平均值±δ（标准差）或者以频率为 75% 和 25% 作为各个指标的上下限，称为 RVA 目标。RVA 法应用可概括为以下 4 个步骤：①首先计算水利工程建设前未受干扰的 33 个 IHA 指标；②根据步骤

①所得未受干扰前的结果拟定各个水文参数的 RVA 目标，本研究频率为 75%和 25%的指标作为评估目标；③计算水利工程影响后的日流量数据的 33 个 IHA 指标；④根据步骤②、③的结果判断水利工程建设前后的情况及水利工程建设对河流水文情势的影响程度。

（3）水文变化程度分析。为了量化水文指标受干扰后的变化程度，Richter 等建议以水文改变度（degree of hydrological alteration）来评估，其定义为

$$D_i = \left| \frac{N_{oi} - N_e}{N_e} \right| \times 100\% \tag{4.1.12}$$

式中：D_i 为第 i 个 IHA 指标的水文改变度；N_{oi} 为第 i 个 IHA 受干扰后的观测年数中落在 RVA 目标内的年数；N_e 为受干扰后 IHA 指标预期落入 RVA 目标内的年数，可以用 rN_T 来评估，其中，r 为受干扰前 IHA 落入 RVA 目标内的比例，若以各个 IHA 的 75%及 25%作为 RVA 目标，则 $r = 50\%$，而 N_T 为受干扰后流量时间序列记录的总年数。

为对 IHA 指标的水文改变程度设定一个客观的判断标准，规定若式（4.1.12）中 D_i 值介于 0~33%之间属于未改变或者低度改变；介于 33%~67%之间属于中度改变；介于 67%~100%之间属于高度改变。

上述 33 个 IHA 可能会有不同的水文改变度，即有不同个数的 IHA 分别属于高度、中度或低度改变，不同的 IHA 对水利工程影响的反应并不一致，因此综合 33 个 IHA 的水文变化情形为一个整体水文改变状况来代表是一种简化且容易理解的方法。

整体水文变化程度 D_o 可用以下方法计算：取 33 个 IHA 的水文改变度的平均值来评估河流生态环境的整体变化情形，但却未能体现各指标权重大小。为体现各指标的权重大小，研究采用对较大的 D_i 值赋予较大的权重，用式（4.1.13）计算 D_o，即

$$D_o = \left(\frac{1}{33} \sum_{i=1}^{33} D_i{}^2 \right) 0.5 \tag{4.1.13}$$

其中，也规定 D_o 值介于 0~33%之间属于未改变或者低度改变；介于 33%~67%之间属于中度改变；介于 67%~100%之间属于高度改变。

4.2　荆江三口生态水文情势变化

4.2.1　荆江三口年均流量变化特征

4.2.1.1　年均流量趋势性检验

为揭示荆江三口流域年均流量的变化趋势，点绘出太平口、藕池口、松滋口三口 1955—2016 年的年均流量图（图 4.2.1）。由图 4.2.1 可以看出，三口河系除了 1959 年、1964 年和 1998 年、2006 年（1959 年和 2006 年为枯水年，1964 年和 1998 为特大洪水年）年均流量出现较大波动外，总体上年均流量呈下降趋势，其中藕池口下降趋势相对太平口和松滋口更为明显。

根据 M-K 趋势检验分析（表 4.2.1），3 个水文站 1955—2016 年多年平均流量的统计量均为负值，表示均有不同程度的下降趋势。其中藕池口的下降趋势最为显著，M-K

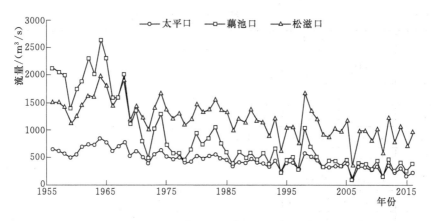

图 4.2.1   荆江三口年均流量趋势

检验值为 -7.9449 ，通过了 99% 的显著性水平检验；松滋口和太平口的下降趋势也较明显，M-K 检验值分别为 -6.1956 和 -7.7505 ，均通过了 99% 的显著性水平检验。

表 4.2.1   荆江三口年均流量变化趋势 M-K 检验

站点	太平口	藕池口	松滋口
统计量	-7.7505	-7.9449	-6.1956
检验判别	2.58	2.58	2.58
趋势性	通过 99% 置信度检验	通过 99% 置信度检验	通过 99% 置信度检验

4.2.1.2   年均流量突变性检验

本节运用前述提及的 M-K 检验、累积距平法和滑动 T 检验法，对荆江三口在研究期间的年均流量进行突变年份检验，通过以上 3 种检测方法综合判别荆江三口理论上的突变年份，见表 4.2.2。

表 4.2.2   荆江三口年均流量突变统计结果

河口	突变年份/年			变异点/年
	M-K 检验法	累积距平法	滑动 T 检验法	
太平口	1986	1984	1968、1984	1984
藕池口	1979	1974	1979、1984	1979
松滋口	1985	1985	1968、1985	1985

4.2.2   河流生态水文指标变化

为了定量揭示近 60 年来人类活动对荆江三口流域的水文改变情势，结合以上突变性检验，将太平口、藕池口、松滋口三口的历年日流量数据划分为突变前（1955—1980 年）和突变后（1981—2016 年）两个时段，以此为基础采用变化范围法（RVA）计算突变点前后荆江三口水系 33 个水文指标的均值以及水文改变度等参数，结果见表 4.2.3。

表 4.2.3　　　　　　　　　　　荆江三口水文突变前后 IHA 指标统计

IHA 指标	太 平 口			藕 池 口			松 滋 口		
	突变前	突变后	改变度/%	突变前	突变后	改变度/%	突变前	突变后	改变度/%
第 1 组指标									
1 月均值	19.7m³/s	0.1m³/s	−90	11.2m³/s	0.0m³/s	30	56.8m³/s	18.9m³/s	−31
2 月均值	8.8m³/s	0.1m³/s	18	2.8m³/s	0.0m³/s	13	33.3m³/s	14.4m³/s	−5
3 月均值	30.1m³/s	0.2m³/s	−82	24.1m³/s	0.0m³/s	8	82.2m³/s	28.9m³/s	−4
4 月均值	146.5m³/s	29.8m³/s	−66	139.1m³/s	15.8m³/s	−71	340.1m³/s	162.3m³/s	−62
5 月均值	495.2m³/s	199.1m³/s	−62	818.3m³/s	152.1m³/s	−53	1117.0m³/s	625.1m³/s	−46
6 月均值	910.7m³/s	550.3m³/s	−62	1957.0m³/s	601.1m³/s	−76	2114.0m³/s	1540.0m³/s	−32
7 月均值	1535.0m³/s	1189.0m³/s	−12	4597.0m³/s	1984.0m³/s	−44	3812.0m³/s	3512.0m³/s	−15
8 月均值	1420.0m³/s	1007.0m³/s	−28	4068.0m³/s	1486.0m³/s	−48	3495.0m³/s	2844.0m³/s	−19
9 月均值	1291.0m³/s	847.2m³/s	−10	3511.0m³/s	1148.0m³/s	−50	3187.0m³/s	2430.0m³/s	−2
10 月均值	858.8m³/s	396.0m³/s	−72	1897.0m³/s	337.7m³/s	−77	2127.0m³/s	1178.0m³/s	−48
11 月均值	343.3m³/s	86.5m³/s	−83	509.9m³/s	44.3m³/s	−51	832.1m³/s	390.8m³/s	−62
12 月均值	85.1m³/s	2.1m³/s	−96	89.6m³/s	0.2m³/s	−95	210.8m³/s	59.7m³/s	−68
第 2 组指标									
年均 1d 最小值	2.9m³/s	0.0m³/s	18	1.1m³/s	0.0m³/s	8	16.3m³/s	5.9m³/s	−10
年均 3d 最小值	3.2m³/s	0.0m³/s	18	1.1m³/s	0.0m³/s	8	16.9m³/s	6.8m³/s	−10
年均 7d 最小值	3.8m³/s	0.0m³/s	24	1.2m³/s	0.0m³/s	8	18.4m³/s	7.2m³/s	−14
年均 30d 最小值	6.1m³/s	0.0m³/s	24	1.8m³/s	0.0m³/s	8	25.3m³/s	10.5m³/s	−28
年均 90d 最小值	18.9m³/s	0.1m³/s	−83	12.1m³/s	0.0m³/s	18	56.0m³/s	20.3m³/s	−19
年均 1d 最大值	2528.0m³/s	1923.0m³/s	−68	9057.0m³/s	3995.0m³/s	−66	7085.0m³/s	6056.0m³/s	−7
年均 3d 最大值	2414.0m³/s	1858.0m³/s	−49	8718.0m³/s	3845.0m³/s	−66	6615.0m³/s	5848.0m³/s	−1
年均 7d 最大值	2197.0m³/s	1702.0m³/s	−37	7867.0m³/s	3429.0m³/s	−67	5887.0m³/s	5301.0m³/s	−7
年均 30d 最大值	1762.0m³/s	1379.0m³/s	−37	5682.0m³/s	2420.0m³/s	−68	4450.0m³/s	4110.0m³/s	4
年均 90d 最大值	1475.0m³/s	1059.0m³/s	−50	4297.0m³/s	1628.0m³/s	−64	3624.0m³/s	3059.0m³/s	3
断流天数	37.5d	149.1d	−100	70.3d	173.8d	−88	0.0d	2.4d	−3
基流指数	0.0	0.0	30	0.0	0.0	8	0.0	0.0	−19
第 3 组指标									
年最小值出现时间	38.9d	1.0d	−100	26.0d	1.0d	37	60.8d	52.1d	−16
年最大值出现时间	210.9d	215.6d	12	211.6d	212.0d	14	217.5d	212.8d	22
第 4 组指标									
低脉冲次数	2.0次	2.8次	−9	1.7次	2.3次	−7	2.5次	3.4次	−8
低脉冲历时	64.6d	74.9d	49	71.3d	90.4d	35	49.4d	50.0d	31
高脉冲次数	5.5次	3.5次	−39	3.8次	1.0次	−76	5.1次	3.8次	−28
高脉冲历时	14.8d	10.6d	−24	14.4d	5.8d	−51	14.1d	12.3d	−3

续表

IHA 指标	太平口			藕池口			松滋口		
	突变前	突变后	改变度/%	突变前	突变后	改变度/%	突变前	突变后	改变度/%
第 5 组指标									
上升率	83.1[m³/(s·d)]	78.8[m³/(s·d)]	−40	265.5[m³/(s·d)]	135.9[m³/(s·d)]	−75	192.4[m³/(s·d)]	144.8[m³/(s·d)]	−28
下降率	−49.0[m³/(s·d)]	−52.4[m³/(s·d)]	−39	−160.0[m³/(s·d)]	−89.5[m³/(s·d)]	−80	−112.6[m³/(s·d)]	−96.0[m³/(s·d)]	−24
逆转次数	64.9次	51.6次	−64	52.2次	41.6次	−46	75.2次	95.0次	−51

4.2.2.1 月均流量变化

突变发生以后荆江三口的流量在 3—12 月都有不同程度的下降，特别是藕池口的流量下降程度最为明显，7 月月均流量由突变前的 4597/m³ 变为突变后的 1984/m³，跌幅最为明显；松滋口整体流量减少幅度较小，仅在 7—10 月减少较为明显；太平口整体月均流量减少也较小，同样在 7—10 月减少较为明显。荆江三口在突变前后月均流量对比如图 4.2.2 所示。由于长江中上游建立了众多水利工程，在 7—10 月期间有着调峰蓄洪的作用，导致荆江三口流域来水量减少。

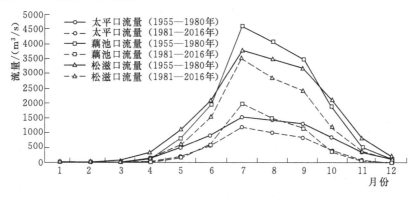

图 4.2.2 突变前后均值流量变化

4.2.2.2 年极端流量大小

荆江三口年均极小值、极大值流量突变后比突变前都有不同程度减少（表 4.2.3）。其中，松滋口和藕池口的极小值流量变异度均属于低度改变。而太平口除年均 90d 最小值为高度改变外也均为低度改变。太平口极大值流量变异度除年均 1d 最大值为高度改变，其余均为中度改变；藕池口极大值流量变异度均在高度改变和低度改变附近徘徊；松滋口极大值流量变异度均为低度改变。除松滋口断流天数改变度为低度改变，太平口和藕池口的断流天数均为高度改变。太平口和藕池口年极值流量平均改变度为 52% 和 50%，属于中度改变；松滋口水文改变度为 13%，属于低度改变；说明突变前后太平口和藕池口在极值流量影响方面相对松滋口更为明显。其原因是虎渡河和藕池河是荆江防洪的主要地区，人类活动频繁导致水文情势改变的剧烈。图 4.2.3 和图 4.2.4 所示为太平口、藕池口两站流量变化最显著的最大、最小流量。

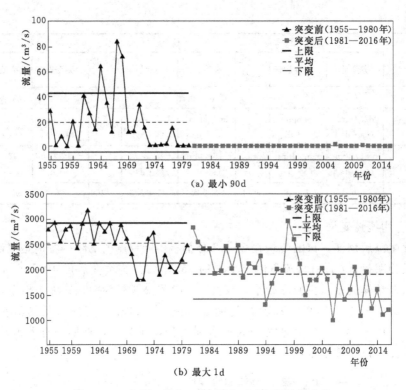

(a) 最小 90d

(b) 最大 1d

图 4.2.3　太平口最大 1d 和最小 90d 年均流量变化

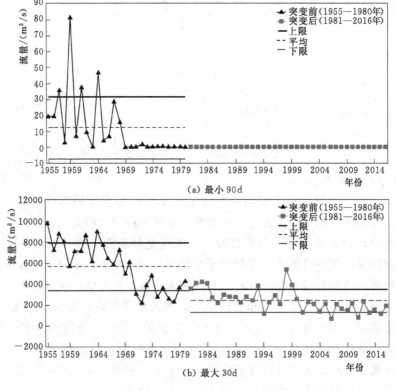

(a) 最小 90d

(b) 最大 30d

图 4.2.4　藕池口最小 90d 和最大 30d 年均流量变化

由图 4.2.3 和图 4.2.4 可以看出，太平口、藕池口两口年均 90d 最小流量在突变后呈明显下降趋势，且都是断流；太平口年均最大 1d 流量、藕池口年均最大 30d 流量呈下降趋势。突变前后极端流量的改变直接影响下游河道生态系统的稳定性、河道地貌以及自然栖息地的构建，且年均最大流量减小，影响河道和滞洪区之间的养分输送，破坏植物群落的分布状况。

4.2.2.3 年极端流量发生时间

突变发生后的太平口、藕池口最小流量时间变化明显，年最大值流量出现时间变化不大；松滋口表现均不明显。最小流量出现时间仍为 1—3 月枯水期，但太平口、藕池口和松滋口的最小流量出现时间分别由 2 月上旬、1 月下旬、2 月上旬提前至 1 月初和 2 月下旬，变化范围在一个月左右，表示最小值出现时间与突变前差异较大；年最大流量出现时间变化较小，推迟范围在 5d 之内。图 4.2.5 所示为太平口最小流量出现时间。综上所述，突变后的时间段内荆江三口的年最小值出现时间变化较大，这对河道内生物的栖息环境造成不利影响，甚至影响到鱼类等河流生物的产卵和繁殖等行为，从而影响河流系统的稳定性。

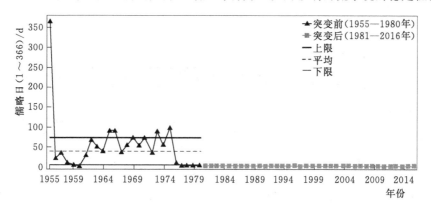

图 4.2.5 太平口最小流量日变化

4.2.2.4 高低脉冲的频率及历时

太平口、藕池口、松滋口的低脉冲次数及历时均呈上升趋势。荆江三口的低脉冲次数上升的幅度都不大，都在 1 以内；太平口和藕池口的低脉冲历时上升幅度稍大，均在 10 以上，松滋口的低脉冲历时上升幅度较小，仅为 1。太平口、藕池口、松滋口的高脉冲次数及历时均为下降趋势。其中藕池口的高脉冲次数和历时由突变前的 4 次、14d 变为 1 次、6d（图 4.2.6）。

综上所述，在 1981—2016 年间人类的活动使得荆江三口流域低脉冲次数增加天数延长，导致河流长期干旱，沿河农田不能得到灌溉，高脉冲次数及历时的减少虽然可以在防洪时有效地削减洪峰，但是也会增大低流量，从而影响植物生存发展所需的适宜土壤湿度，同时也会对河道的纵横断面产生一定的影响。

4.2.2.5 流量变化改变率及频率

太平口的上升率、下降率和逆转次数都有不同程度的下降，三者的水文改变度均为中度改变，其中逆转次数下降得最为显著。藕池口的上升率和下降率的水文改变度均为高度改变，下降率变化较上升率显著，超过 RVA 阈值上限（图 4.2.7），逆转次数略微减少呈

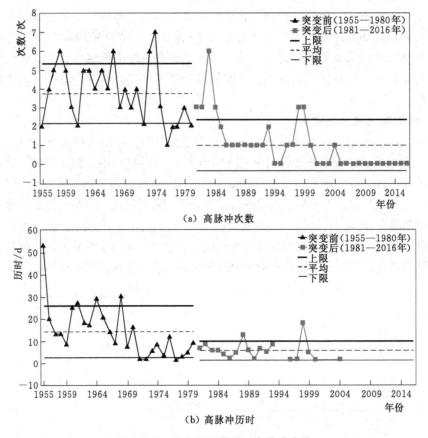

（a）高脉冲次数

（b）高脉冲历时

图 4.2.6　突变前后藕池口高脉冲曲线

低度改变。松滋口上升率和下降率的水文改变度均为低度改变，上升率变化更为显著，逆转次数有所增加，呈中度改变。

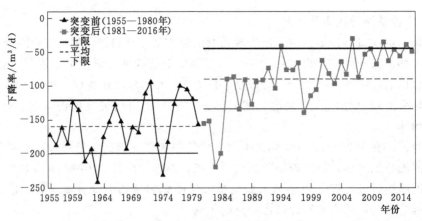

图 4.2.7　突变前后藕池口下降率变化

　　综上可知，藕池口的流量改变率和频率变化最为显著，表明突变后的荆江三口藕池口流量改变情况最大。流量变化改变率及频率的增加或减少会对河流生物种群产生一定的影响。由于生物承受的外界变化具有一定的限度，流量的变化改变率及频率会对河流生态环境的变化周期产生严重影响，特别是逆转次数的改变，会直接影响水生动植物的生存环境，阻碍水生动植物的生长。

4.2.3　河流生态水文改变度评价

4.2.3.1　变异前后水文指标变化度比较

太平口和藕池口的 33 个水文指标大多发生高、中度改变，其中太平口的断流天数和年最小值出现时间的水文改变度高达 100%，松滋口大多发生低度改变，水文改变度达到高度改变的只有 12 月均值。太平口、藕池口和松滋口在 1981 年前后河流水文改变度绝对值排序结果如图 4.2.8 所示。

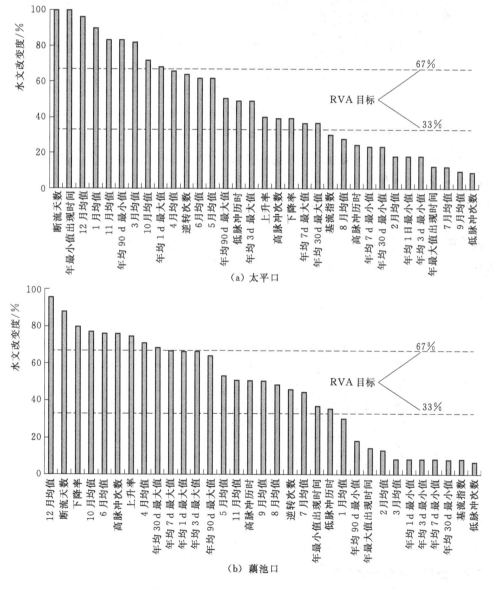

图 4.2.8（一）　荆江三口水文改变度

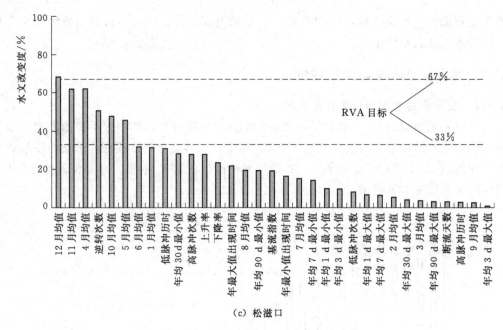

（c）松滋口

图 4.2.8（二）　荆江三口水文改变度

　　根据计算出的太平口、藕池口、松滋口突变前后 33 个水文指标绝对值的改变度，绘制了各站不同等级变化度所占比例（图 4.2.9）。以 1981 年为突变点，荆江三口流域中太平口和藕池口的流量在改变度等级统计中发生高度改变的水文指标所占的比例最高，分别占 27％和 30％，松滋口发生高度改变所占的比率最小，仅为 3％；太平口和藕池口发生中度改变所占的比例相同，都为 36％，松滋口为 15％；松滋口发生低度改变的水文指标所占比例最高，高达 82％，其次是太平口 37％，藕池口最低，为 34％。

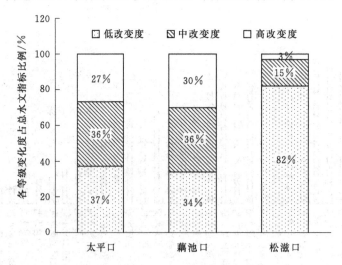

图 4.2.9　荆江三口不同等级变化度所占比例

4.2.3.2　整体水文改变度分析

　　太平口、藕池口、松滋口各组水文改变度以及整体改变度见表 4.2.4。

表 4.2.4　　　　　　　　　　　荆江三口流量序列水文改变度

水文站	各组水文改变度					整体水文改变度 D_0
	第 1 组	第 2 组	第 3 组	第 4 组	第 5 组	
太平口	64 (M)	52 (M)	71 (H)	34 (M)	49 (M)	56 (M)
藕池口	57 (M)	50 (M)	28 (L)	49 (M)	68 (H)	54 (M)
松滋口	40 (M)	13 (L)	19 (L)	21 (L)	36 (M)	29 (L)

注　H 表示高度改变；M 表示中度改变；L 表示低度改变。

　　根据各组水文指标的计算结果可以得出，太平口的第三组属于高度改变，其他四组均属于中度改变；藕池口的第五组属于高度改变，第三组属于低度改变，剩下三组均属于中度改变；松滋口没有高度改变，除去第一组和第五组为中度改变外，剩余三组均为低度改变。总体而言，荆江三口在突变点的前后太平口和藕池口的改变度较大，松滋口的改变显然小于前两者。由整体水文改变度计算结果得出，荆江三口中太平口和藕池口的流量特性都发生了中度改变，且两者的整体水文改变度相差不大，松滋口是低度改变，整体水文改变度仅为 29%。

4.3　四水生态水文情势变化

4.3.1　年均流量变化特征

4.3.1.1　年均径流量趋势线检验

　　（1）湘水（湘潭）。为揭示四水年均流量的变化趋势，点绘出湘水的湘潭水文站 1959—2016 年的年均流量（图 4.3.1）。1975 年之前湘潭的年均流量波动较大，之后波动幅度较小，总体上年均流量呈上升趋势。

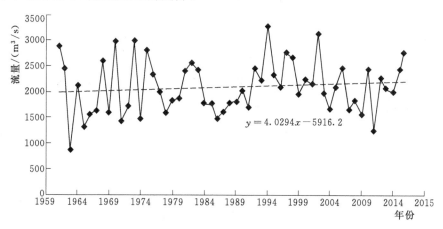

图 4.3.1　湘水湘潭站 1959—2016 年均流量变化

　　根据 M - K 趋势检验分析，湘潭水文站 1959—2016 年多年平均流量的统计量均为 1.194，表示有上升趋势。但其统计量没有大于 1.64，因此湘潭站的上升趋势没有通过

90％的显著性水平检验，上升趋势不显著。

（2）资水（桃江）。为揭示四水年均流量的变化趋势，点绘出资水的桃江水文站 1959—2016 年的年均流量（图 4.3.2）。研究区间除了 1963 年、1973 年、1994 年、1998 年、2002 年和 2007 年、2011 年（1973 年、1994 年、1998 年和 2002 年为特大洪水年，1963 年、2007 年和 2011 年为枯水年）年均流量出现较大波动外，总体上年均流量略微上升。

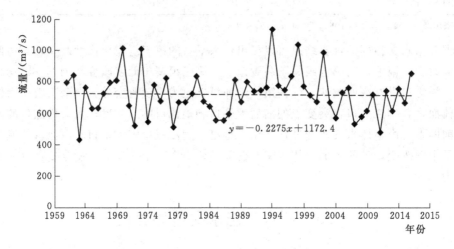

图 4.3.2　资水桃江站 1959—2016 年均流量变化

根据 M－K 趋势检验分析，桃江水文站 1959—2016 年多年平均流量的统计量均为 0.1342，有上升趋势但是趋势不明显，但其统计量没有大于 1.64，所以桃江站的上升趋势没有通过 90％的显著性水平检验。

（3）沅水（桃源）。点绘出桃源站 1959—2016 年的年均流量（图 4.3.3）。除个别年份出现较大波动外（2011 年），桃源站年均流量多年来呈微弱的上升趋势。

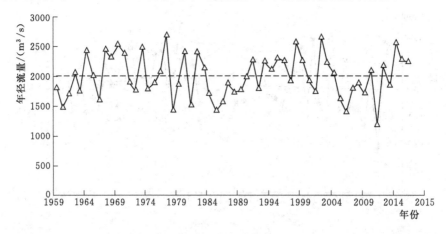

图 4.3.3　桃源站年均流量历年变化

（4）澧水（石门）。点绘出石门站 1959—2016 年的年均流量（图 4.3.4）。石门站年均流量整体上处于 300～700m³/s 的范围内，年均流量整体上呈微弱的下降趋势。

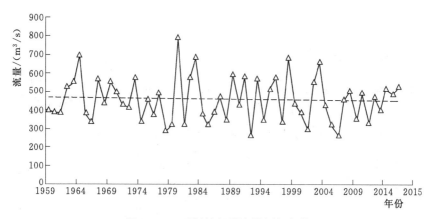

图 4.3.4　石门站年径流量历年变化

4.3.1.2　年均流量突变性检验

（1）湘水（湘潭）。根据 M-K 突变检验法的计算原理，绘制出湘潭站的年均流量突变检验图（图 4.3.5）。由图可知，在研究时间段内，湘潭站的突变点较多。研究结合 M-K 突变检验法、累积距平法和滑动 T 检验法进行综合分析。湘潭站的突变点为 1991 年，因此，以 1991 年作为突变点进行分析。

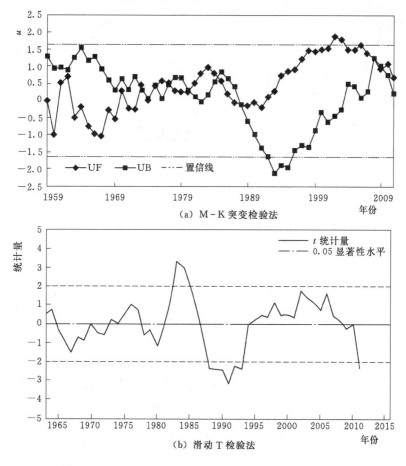

（a）M-K 突变检验法

（b）滑动 T 检验法

图 4.3.5（一）　湘潭站 1959—2016 年年均流量突变检验

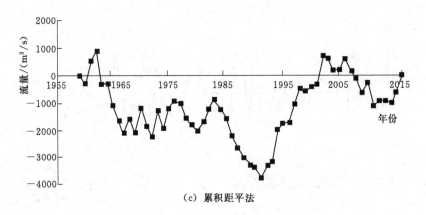

（c）累积距平法

图 4.3.5（二） 湘潭站 1959—2016 年年均流量突变检验

（2）资水（桃江）。根据 M-K 突变检验法的计算原理，绘制出资水桃江站的突变检验计量曲线图（图 4.3.6）。借助 M-K 突变检验法、累积距平法和滑动 T 检验法进行综合分析，桃江站的突变点为 1987 年，因此，以 1987 年作为突变点进行分析。

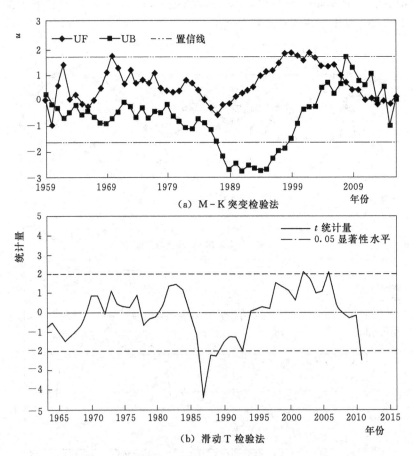

（a）M-K 突变检验法

（b）滑动 T 检验法

图 4.3.6（一） 桃江站 1959—2016 年年均流量突变检验

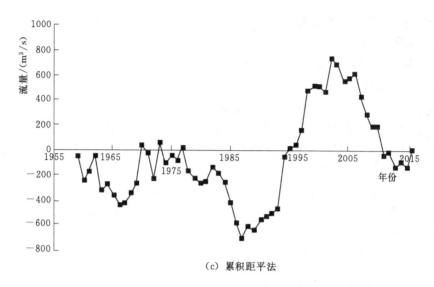

（c）累积距平法

图 4.3.6（二）　桃江站 1959—2016 年年均流量突变检验

（3）沅水（桃源）。采用 M-K 趋势性检验法判定桃源站年均流量变化的趋势性，计算结果见表 4.3.1 和图 4.3.7。

表 4.3.1　　　　　　　　　　　　桃源站年均流量变化 M-K 检验

时间/年	M-K统计量	检验判别	趋势性	趋势性
1959—2016	0.22	$|z_c|<1.96$	增加	不显著

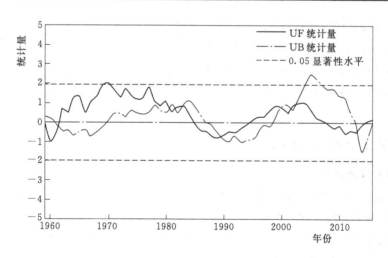

图 4.3.7　桃源站年均流量 M-K 检验图

通过 M-K 趋势性检验法检验桃源站年均流量变化可知，桃源站年均流量序列的 M-K 趋势检验统计量 z_c 值为 0.22，且其绝对值小于 1.96，表示桃源站年均流量上升趋势不显著。

自 1959 年以来，除 1987—1994 年和 2013—2015 年间有少量减少外，桃源站年均流量处于上升趋势，然而上升趋势值并没有超过临界值 $\alpha=0.05$，表明桃源站年均流量上升的趋势比较微弱。

（4）澧水（石门）。采用 M－K 趋势性检验法检验石门站年均流量变化的趋势性，计算结果见表 4.3.2 和图 4.3.8。

表 4.3.2　　　　　　　　　　石门站年均流量变化 M－K 检验

时间/年	M－K 统计量	检验判别	趋势性	趋势性
1959—2016	−0.30	$|z_c|<1.96$	减少	不显著

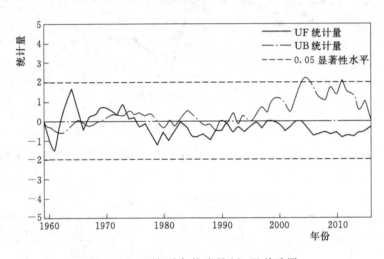

图 4.3.8　石门站年均流量 M－K 检验图

通过 M－K 趋势性检验法检验石门站年均流量变化可知，石门站年均流量序列的 M－K 趋势检验统计量 z_c 值为 −0.30，且其绝对值小于 1.96，表示石门站年均流量上升趋势不显著。自 1959 年以来，除 1968—1977 年间有少量增加外，石门站年均流量处于下降的趋势，然而下降趋势值并没有超过临界值 $\alpha=0.05$，表明石门站年均流量下降的趋势比较微弱。

4.3.2　河流生态水文指标变化

4.3.2.1　湘水（湘潭）

为了定量揭示湘水河流流量的改变程度，结合以上突变性检验，将湘潭站的历年日流量数据划分为两个时段，即突变前（1959—1990 年）和突变后（1991—2016 年）。在此基础上采用变化范围法（RVA）计算突变前后湘潭水文站 32 个水文指标的均值以及水文改变度等参数，结果详见表 4.3.3。

依据表 4.3.3 的湘水湘潭站突变前后河流水文指标变化情况，对 5 组水文指标改变程度进行分析，同时选取每组高度改变指标作图分析。

（1）月均流量变化。湘水在发生突变后在 6 月至次年 3 月流量有不同程度增加，尤其是 8 月增加流量最多；在 4 月、5 月流量有不同程度减少，在 4 月减少量最大；其月均值水文改变度为 13%，属于低度改变。湘水突变前后月均流量对比如图 4.3.9 和图 4.3.10

所示。

表 4.3.3 湘水湘潭站突变前后 IHA 指标统计

IHA 指标	均 值		阈 值		水文改变度/%
	突变前	突变后	下限	上限	
1 月均值/(m³/s)	811.7	1289	288.4	1335	−20
2 月均值/(m³/s)	1348	1584	665.7	2030	2
3 月均值/(m³/s)	2091	2477	1028	3154	12
4 月均值/(m³/s)	3782	3295	2213	5350	3
5 月均值/(m³/s)	4346	3954	2523	6168	18
6 月均值/(m³/s)	3876	4334	1935	5818	17
7 月均值/(m³/s)	2061	2622	898.7	3619	16
8 月均值/(m³/s)	1482	2204	761.6	2201	−5
9 月均值/(m³/s)	1194	1388	232.8	2155	9
10 月均值/(m³/s)	952.3	1107	426.7	1478	7
11 月均值/(m³/s)	1084	1234	420.2	1747	3
12 月均值/(m³/s)	819.5	1124	407.4	1388	23
年均 1d 最小值/(m³/s)	297.9	425.7	192.9	402.9	−59
年均 3d 最小值/(m³/s)	317.2	447.8	210.7	423.7	−63
年均 7d 最小值/(m³/s)	337.5	481.1	224.9	450.1	−63
年均 30d 最小值/(m³/s)	416.7	586.2	271.4	562.1	−53
年均 90d 最小值/(m³/s)	753.8	893	392.2	1115	−16
年均 1d 最大值/(m³/s)	12290	13360	8171	16410	12
年均 3d 最大值/(m³/s)	11440	12020	7393	15490	12
年均 7d 最大值/(m³/s)	9591	9676	6001	13180	29
年均 30d 最大值/(m³/s)	6203	5664	4146	8261	18
年均 90d 最大值/(m³/s)	4322	4249	3120	5524	17
基流指数	0.1707	0.2245	0.1301	0.2114	−66
年最小值出现时间/d	332.9	327.3	264	348.8	100
年最大值出现时间/d	156.3	184.5	122.1	190.6	−6
低脉冲次数/次	5.375	4.538	3.164	7.586	−44
低脉冲历时/d	18.19	11.82	5.986	30.39	−38
高脉冲次数/次	6.406	8.385	4.409	8.404	−59
高脉冲历时/d	6.559	5.154	4.103	9.016	23
上升率/[m³/(s·d)]	367.1	410.4	256.9	477.2	0
下降率/[m³/(s·d)]	−242.9	−293.5	−313.4	−172.4	−20
逆转次数/次	84.88	97.69	72.64	97.11	4

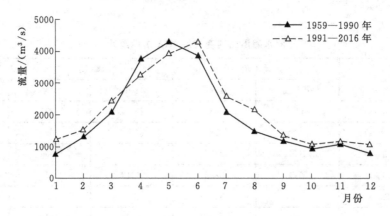

图 4.3.9　湘水突变前后均值流量变化

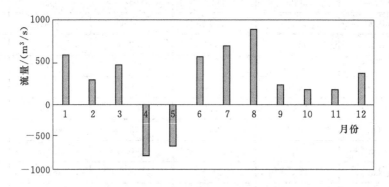

图 4.3.10　湘水突变前后月均值流量差

（2）年最值流量大小。湘潭水文站年均最小值流量突变后比突变前都有不同程度的增加（表 4.3.3），而年均 1d、3d、7d 最大值流量突变后比突变前都有不同程度的增加，只有年均 30d、90d 最大值是减少趋势；其中最小值流量变异度大部分都属于中度改变，只有年均 90d 最小值呈低度改变，最大值流量改变度都属于低度改变。变化趋势表明，突变后的湘水流量有所增加，其原因可能是湘水上游来水量增加，受到洞庭湖水系、鄱阳湖水系以及其他支流调节等因素影响。湘潭站年均 3d 最小流量在突变后呈明显的上升趋势，且绝大部分高于 RVA 阈值上限；年均最大 7d 流量变化微弱，还在阈值范围以内。突变后极端流量的改变直接影响下游河道生态系统的稳定性、河道地貌以及自然栖息地的构建，且年均最大流量减小，影响河道和滞洪区之间的养分输送，破坏植物群落的分布状况。湘潭站流量变化最显著的最大、最小流量如图 4.3.11 和图 4.3.12 所示。

（3）年极端流量出现时间。突变后湘潭站年最小流量出现时间变化明显，年最大值流量出现时间变化不大（表 4.3.3）。最小流量出现时间波动幅度很大，其水文改变度也达到了 100％。依据湘潭站最小流量出现时间（图 4.3.13），湘潭站的最小流量出现时间很不稳定，一直在大幅度变换；年最大流量出现时间变化较小，推迟范围在 30d 之内。综上所述，突变点对年最小值出现时间影响较大，将会对河道内生物的栖息环境造成不利影响，甚至影响到鱼类等河流生物的产卵和繁殖等行为，从而影响河流系统的稳定性。

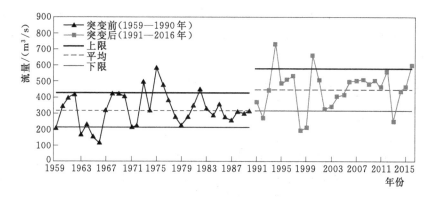

图 4.3.11 湘潭站最小 3d 年均流量变化

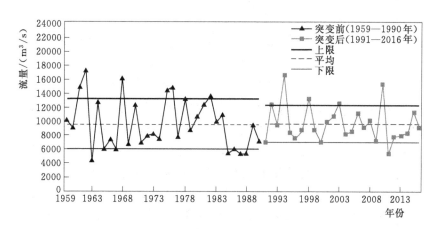

图 4.3.12 湘潭站最大 7d 年均流量变化

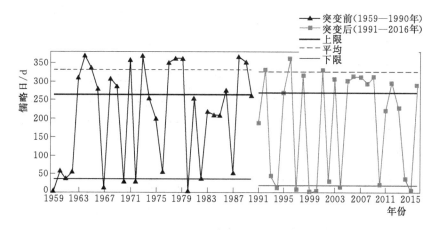

图 4.3.13 湘潭站最小流量日变化

(4) 高低脉冲的频率及历时。湘潭水文站除高脉冲次数增加外,其余均减少,其中高脉冲出现的次数变化最为明显,水文改变度达到 59% (表 4.3.3)。突变后湘潭站高脉冲次数整体减少,超出 RVA 下限的部分变多 (图 4.3.14)。综上所述,突变后的湘水在一定程度上增加了高脉冲发生的次数，不利于汛期，而低脉冲次数及历时的减少也会使得旱季水量减少，从而影响植物生存发展所需的适宜土壤湿度，同时也会对河道的纵横断面产生一定的影响。

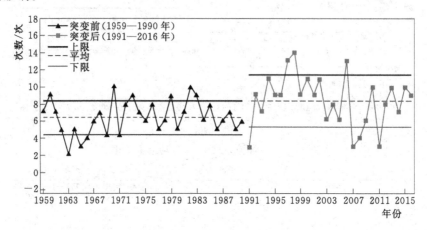

图 4.3.14　湘潭站突变前后高脉冲次数曲线

（5）流量变化改变率及频率。湘潭水文站流量上升率增加，水文改变度为零，下降率减少，逆转次数较突变前有所增加（表 4.3.3）。湘潭站的下降率发生的水文改变度最为明显，但都是低度改变（图 4.3.15）。综上所述，湘潭水文站的流量改变率和频率变化较为微弱，表明突变的过程中对湘潭站下泄流量影响不大。流量变化改变率及频率的增加或减少会对河流生物种群产生一定的影响。由于生物承受的外界变化具有一定的限度，流量的变化改变率及频率会对河流生态环境的变化周期产生严重影响，特别是逆转次数的改变，会直接影响水生动植物的生存环境，阻碍水生动植物的生长。

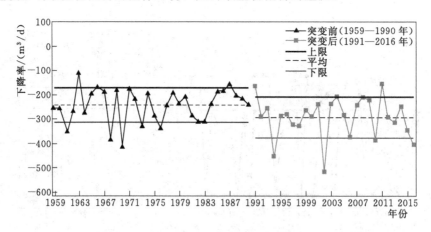

图 4.3.15　突变前后湘潭站逆转次数变化

4.3.2.2　资水（桃江）

为定量揭示资水流量的改变程度，本研究结合以上突变性检验，将桃江站的历年日流量数据划分为两个时段，即突变前（1959—1986 年）和突变后（1987—2016 年）。在此基础上采用变化范围法（RVA）计算突变前后桃江水文站 32 个水文指标的均值以及水文改变度等参数，结果见表 4.3.4。根据表 4.3.4 的三峡水库蓄水前后河流水文指标变化分析，分别分析 5 组水文指标改变程度，同时选取每组高度改变指标作图分析。

（1）月均流量变化。突变点以后，桃江水文站在 1—3 月和 6—10 月流量都有不同程度的增加，尤其是 7 月增加流量最多；在 11 月、12 月和 4 月、5 月流量有不同程度的减少，在 5 月减少量最大；从整体来看，桃江水文站的月均值水文改变度为 16%，属于低度改变，所以其流量增加或减少的幅度并不是很大。桃江突变前后月均值流量对比如图 4.3.16 和图 4.3.17 所示。

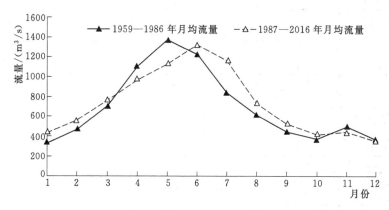

图 4.3.16 桃江突变前后月均流量变化

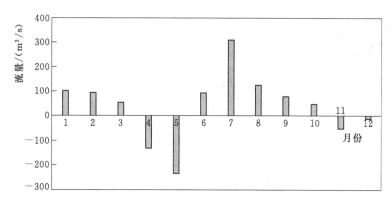

图 4.3.17 桃江突变前后月均流量差

（2）年最值流量大小。桃江水文站年均最小值流量突变后比突变前都有不同程度的增加，只有年均 90d 最小值流量突变后比突变前减少；同样的，桃江水文站年均最大值突变后比突变前都有不同程度的增加，只有年均 90d 最大值流量突变后比突变前减少了；其中最小值和最大值流量变异度大部分都属于低度改变，只有年均 1d 最小值呈中度改变，具体见表 4.3.4。突变后的资水流量有所增加，其原因可能是资水上游来水量增加，受到洞庭湖水系、鄱阳湖水系以及其他支流调节等因素影响。桃江站年均 1d 最小流量突变后的变化不是很明显，且绝大部分都还在 RVA 阈值上下限内；年均最大 90d 流量基本没有变化。桃江站流量变化最显著的最大、最小流量如图 4.3.18 和图 4.3.19 所示。

表 4.3.4　桃江水文突变前后下游河流 IHA 指标统计

IHA 指标	均　值		阈　值		水文改变度/%
	突变前	突变后	下限	上限	
1 月均值/(m³/s)	329.8	434	172.6	487	11
2 月均值/(m³/s)	464.8	558.2	255.2	674.5	−1
3 月均值/(m³/s)	708.6	763.2	399.8	1017	−2
4 月均值/(m³/s)	1101	969.6	634.9	1567	35
5 月均值/(m³/s)	1368	1133	774.6	1961	10
6 月均值/(m³/s)	1232	1326	786.7	1678	12
7 月均值/(m³/s)	848.3	1159	357.1	1339	−2
8 月均值/(m³/s)	611	736.9	289.1	933	−7
9 月均值/(m³/s)	446.5	527.1	175.8	717.1	28
10 月均值/(m³/s)	368	415.1	231.3	504.6	−25
11 月均值/(m³/s)	494.6	442	262.4	726.9	−2
12 月均值/(m³/s)	363.6	352.1	201.2	526	4
年均 1d 最小值/(m³/s)	103	115.6	32.32	173.8	37
年均 3d 最小值/(m³/s)	115.9	131.1	41.42	190.3	17
年均 7d 最小值/(m³/s)	135	148.9	45.79	224.1	21
年均 30d 最小值/(m³/s)	197.3	207.3	94.09	300.6	17
年均 90d 最小值/(m³/s)	332.6	317.1	194.6	470.6	30
年均 1d 最大值/(m³/s)	4813	5972	3099	6526	−17
年均 3d 最大值/(m³/s)	4134	4698	2601	5667	−17
年均 7d 最大值/(m³/s)	3250	3497	2066	4435	23
年均 30d 最大值/(m³/s)	1880	1920	1329	2432	−24
年均 90d 最大值/(m³/s)	1353	1352	1006	1700	28
基流指数	0.1917	0.204	0.08361	0.2997	52
年最小值出现时间/d	30.29	323.4	14.25	127.5	−20
年最大值出现时间/d	159.1	184	118.2	200.1	−19
低脉冲次数/次	9.964	17.33	2.792	17.14	−33
低脉冲历时/d	11.4	5.451	4.625	21.11	14
高脉冲次数/次	8.107	8.367	4.871	11.34	14
高脉冲历时/d	4.175	3.946	2.485	5.864	−7
上升率/[m³/(s·d)]	170.3	170.5	114	226.6	40
下降率/[m³/(s·d)]	−129.4	−144.4	−175.9	−82.93	11
逆转次数/次	141.5	170.7	110.2	172.9	−12

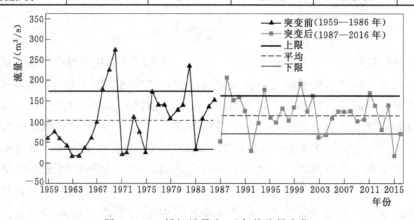

图 4.3.18　桃江站最小 1d 年均流量变化

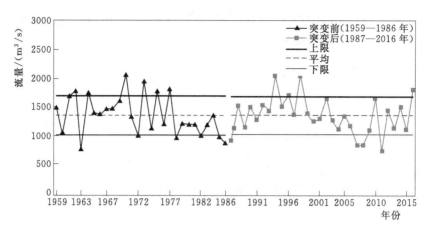

图 4.3.19　桃江站最大 90d 年均流量变化

（3）年极端流量出现时间。资水桃江站突变后的年最小流量出现时间提前了 1～2 个月，而年最大值出现时间向后推迟了 1 个多月，并且都是低度改变（表 4.3.4）。最小流量出现时间仍为 10 月至次年 3 月枯水期，但其时间的波动性很大，甚至提前到 10 月之前；年最大流量出现时间变化较小，推迟范围在 30d 之内，桃江站最小流量出现时间如图 4.3.20 所示。

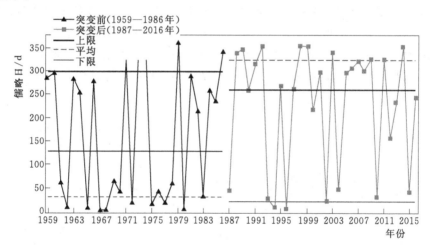

图 4.3.20　桃江站最小流量日变化

综上所述，桃江站年最小值出现时间波动较大，将会对河道内生物的栖息环境造成不利影响，甚至影响到鱼类等河流生物的产卵和繁殖等行为，从而影响河流系统的稳定性。

（4）高低脉冲的频率及历时。桃江水文站高、低脉冲出现的次数都有所增加，其中低流量出现的次数变化最为明显，水文改变度达到 33%；高、低脉冲出现的时间都在减小，低脉冲历时减少幅度最大（表 4.3.4）。突变后桃江站低脉冲次数稍有增加，超出 RVA 上限的部分变多（图 4.3.21）。综上所述，突变后的资水桃江站在一定程度上增加了低脉冲发生的次数，这会导致干旱问题的发生，高脉冲次数及历时的减少虽然可以在防洪时有效地削减洪峰，但是也会增大低流量，从而影响植物生存发展所需的适宜土壤湿度，同时也会对河道的纵横断面产生一定的影响。

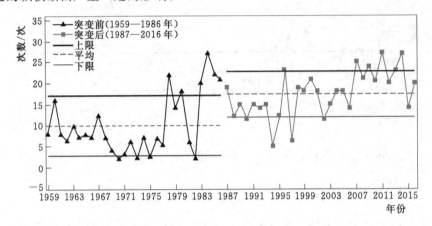

图 4.3.21　突变前后桃江站低脉冲次数

（5）流量变化改变率及频率。桃江水文站流量上升率增加，水文改变度为中度改变，逆转次数也在增加，但是下降率较突变前有所减少（表 4.3.4）。桃江站的上升率发生的水文改变度最为明显，其水文改变度为 40%，是中度改变（图 4.3.22）。综上所述，桃江水文站的流量改变率和频率变化较为微弱，表明突变过程中对桃江站下泄流量影响不大。流量变化改变率及频率的增加或减少会对河流生物种群产生一定的影响。由于生物承受的外界变化具有一定的限度，流量的变化改变率及频率会对河流生态环境的变化周期产生严重影响，特别是逆转次数的改变，会直接影响水生动植物的生存环境，阻碍水生动植物的生长。

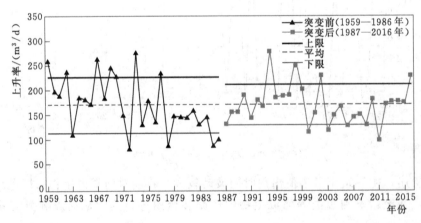

图 4.3.22　突变前后桃江站上升率变化

4.3.2.3　沅水（桃源）

通过 M－K 突变检验和滑动 T 突变检验，初步确定 1989 年和 2004 年为突变年份，最终经综合分析和调整，确定 1989 年为突变年份，故以 1959—1988 年资料代表突变前的水文情势，1989—2016 年资料代表突变后的水文情势。为了定量描述桃源站突变前后各水文指标的改变程度，采用变化范围法计算桃源站突变前后 32 个水文指标的均值以及水文改变度等参数，计算结果见表 4.3.5。

表 4.3.5　桃源站突变前后 IHA 指标统计

IHA 指标	均　值		阈　值		水文改变度/%
	突变前	突变后	下限	上限	
1 月均值/(m³/s)	582	849	325	838	−30.12
2 月均值/(m³/s)	831	994	433	1229	−24.11
3 月均值/(m³/s)	1260	1651	613	1906	−14.29
4 月均值/(m³/s)	2791	2421	1595	3986	2.27
5 月均值/(m³/s)	4083	3569	2578	5588	1.79
6 月均值/(m³/s)	4405	4574	3082	5728	−8.16
7 月均值/(m³/s)	3211	4112	1365	5057	−20.81
8 月均值/(m³/s)	1915	2010	680	3151	−1.10
9 月均值/(m³/s)	1490	1366	782	2748	−8.93
10 月均值/(m³/s)	1220	1127	597	1843	−11.49
11 月均值/(m³/s)	1328	1101	585	2072	12.50
12 月均值/(m³/s)	712	779	349	1074	−2.17
年均 1d 最小值/(m³/s)	308	277	234	382	−41.56
年均 3d 最小值/(m³/s)	317	339	248	386	−4.76
年均 7d 最小值/(m³/s)	337	384	266	409	−26.29
年均 30d 最小值/(m³/s)	390	503	307	474	−43.61
年均 90d 最小值/(m³/s)	698	759	514	882	−23.47
年均 1d 最大值/(m³/s)	15310	16560	10990	19630	−31.83
年均 3d 最大值/(m³/s)	12810	14340	9616	16010	−38.78
年均 7d 最大值/(m³/s)	10010	10840	7561	12460	−30.36
年均 30d 最大值/(m³/s)	6295	6362	4977	7613	−25
年均 90d 最大值/(m³/s)	4412	4384	3493	5331	−21.05
基流指数	0.17	0.19	0.13	0.22	−17.21
年最小值出现时间/d	351	325	302	347	100
年最大值出现时间/d	169	186	137	200	−30.12
低脉冲次数/次	6	14	3	9	−40.48
低脉冲历时/d	17	7	8	26	−64.29
高脉冲次数/次	9	7	6	13	−10.71
高脉冲历时/d	5	5	3	6	−17.21
上升率/[m³/(s·d)]	624.90	432.90	450.70	799.10	−41.07
下降率/[m³/(s·d)]	−333.10	−382.40	−410.70	−255.50	−7.47
逆转次数/次	94.97	164.50	77.42	112.50	−95.31

　　（1）月均流量变化。依据桃源站突变前后月均流量变化（图 4.3.23、图 4.3.24）进行分析，突变后桃源站 8 月和 12 月月均流量变化不大，6—7 月和 1—3 月的月均流量有不同程度的增加，其他月份流量略有下降，但下降的幅度不大。月均流量最大值仍然出现在 6 月，但汛期来水出现变化，突变前汛期来水主要集中在 5—6 月，突变后推迟到 6—7 月。就整体而言，桃源站月均流量的水文改变度为 14.65%，属于低度改变。

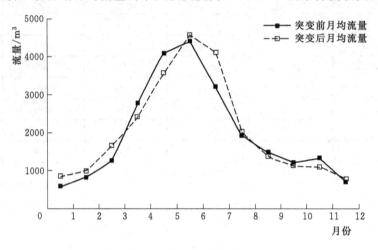

图 4.3.23　突变前后月均流量变化

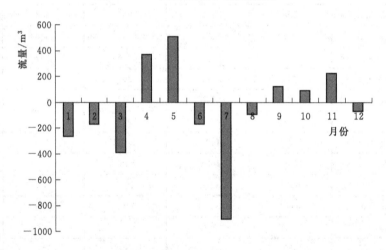

图 4.3.24　桃源站突变前后月均流量差

　　（2）年极端流量变化。突变后的年极端流量除年均 1d 最小值有所减少外，其余各指标均有所增加（表 4.3.5）。年极端流量没有发生高度改变，大部分处于低度改变，发生中度改变的指标有年均 1d 最小值、年均 30d 最小值和年均 3d 最大值（图 4.3.25）。由图 4.3.25 可看出，年均 1d 最小值在突变后除个别年份高于突变前的 RVA 阈值外，整体向下偏移，突变后的 RVA 阈值范围扩大且减小；年均 30d 最大值在突变后整体上呈增加趋势，突变后的 RVA 阈值范围扩大且明显大于突变前的 RVA 阈值；年均 3d 最大值在突变后波动更加明显，RVA 阈值下限减少，上限增加。

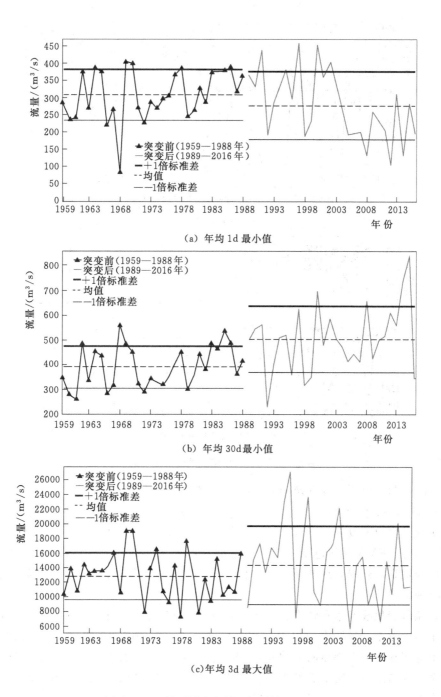

（a）年均 1d 最小值

（b）年均 30d 最小值

（c）年均 3d 最大值

图 4.3.25 桃源站突变前后年极端流量变化

（3）年极端流量出现时间。研究区年最小流量和年最大流量发生时间分别表现出提前和延迟的趋势（表 4.3.5）。年最小值出现时间多集中在 12 月到次年 1 月，与突变前 12 月到次年 2 月相比发生时间更加集中（图 4.3.26）。年最大流量出现时间在突变后波动更加明显，整体上在 7 月附近，与突变前相比推迟 1 个月左右。

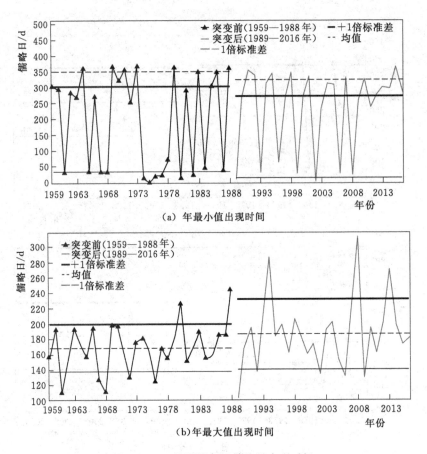

图 4.3.26 桃源站年极端流量出现时间

（4）高低脉冲出现的频率及历时。研究区突变后低脉冲次数增加，低脉冲历时和高脉冲次数减少，高脉冲历时突变前后不发生变化（表 4.3.5）。低脉冲历时发生高度改变，低脉冲次数发生中度改变（图 4.3.27）。由图 4.3.27 可以看出，突变后的低脉冲历时逐渐呈下降趋势，RVA 阈值范围变小，上限和下限均小于突变前且下降显著；低脉冲次数突变前较为稳定，突变后逐渐呈上升趋势，RVA 阈值范围扩大，上限和下限大于突变前且上限增加显著。

（5）流量变化改变率及频率。桃源站突变后上升率下降，下降率和逆转次数增加。上升率发生中度改变，逆转次数发生高度改变（表 4.3.5 和图 4.3.28）。由图 4.3.28 可以看出，上升率在突变后明显向下偏移，RVA 阈值范围略有缩小，上、下限小于突变前且下降显著；逆转次数在突变后发生显著变化，突变后逆转次数远远大于突变前，RVA 阈值下限高于突变前的上限，可见突变后逆转次数已完全发生改变。

4.3.2.4 澧水（石门）

通过 M-K 突变检验和滑动 T 突变检验，经过分析，确定 1973 年为突变年份。以 1959—1972 年资料代表突变前的水文情势，1973—2016 年资料代表突变后的水文情势。为定量描述石门站突变前后各水文指标的改变程度，本研究采用变化范围法计算石门站突变前后 32 个水文指标的均值以及水文改变度等参数，计算结果见表 4.3.6。

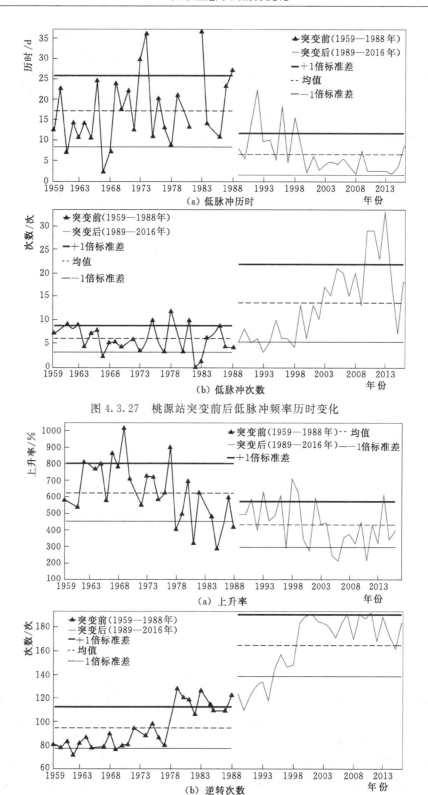

图 4.3.27 桃源站突变前后低脉冲频率历时变化

图 4.3.28 桃源站突变前后流量变化改变率及频率变化

（1）月均流量变化。突变后石门站 6 月、8 月和 12 月月均流量变化不大，3—5 月和 9—11 月的月均流量均有不同程度的下降，其他月份流量也有增加。图 4.3.29 和图 4.3.30 所示为石门站突变前后月均流量变化，由图可以看出，月均流量最大值由突变前的 6 月推迟到突变后的 7 月，且突变后的最大月均流量大于突变前的最大月均流量。汛期来水仍然集中在 5—7 月，但与突变前汛期来水相比，突变后来水不均匀，每月来水变化较大。从整体而言，石门站月均流量的水文改变度为 24.35%，属于低度改变。

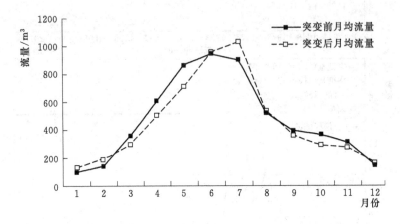

图 4.3.29　石门站突变前后月均流量变化

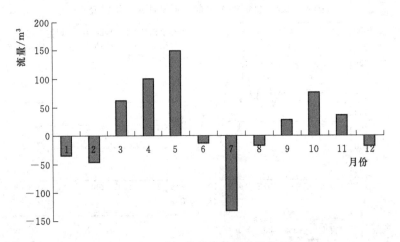

图 4.3.30　石门站突变前后月均流量差

（2）年极端流量变化。突变后的年极端流量除年均 7d 最小值和年均 30d 最小值增加外，其余各指标均有所减少（表 4.3.6）。年极端流量只有年均 1d 最小值发生高度改变，其他指标均发生中低度改变。年极端流量水文改变度最大的 3 个指标为年均 1d 最小值、年均 3 日最小值和基流指数（图 4.3.31）。由图 4.3.31 可以看出，年均 1d 最小值在突变后波动较大，RVA 阈值范围扩大且明显向下移动，可见突变后年均 1d 流量变化显著；年均 3d 最小值在突变后随着时间波动逐渐增加，RVA 阈值上限增加，下限明显减小；基流指数在突变后波动明显大于突变前，RVA 阈值上限明显增加，下限减少。

表 4.3.6 石门站突变前后 IHA 指标统计

IHA 指标	均 值		阈 值		水文改变度/%
	突变前	突变后	下限	上限	
1 月均值/(m³/s)	98	132	58	158	−4.55
2 月均值/(m³/s)	142	188	63	220	−27.69
3 月均值/(m³/s)	358	296	127	588	37.88
4 月均值/(m³/s)	604	504	365	843	−21.90
5 月均值/(m³/s)	862	712	444	1281	23.74
6 月均值/(m³/s)	945	959	420	1471	17.73
7 月均值/(m³/s)	900	1032	263	1538	−4.55
8 月均值/(m³/s)	520	537	111	930	27.27
9 月均值/(m³/s)	389	361	122	657	38.23
10 月均值/(m³/s)	366	289	123	609	27.27
11 月均值/(m³/s)	310	274	126	495	−10.91
12 月均值/(m³/s)	147	165	77	218	−21.09
年均 1d 最小值/(m³/s)	48	27	37	59	−82.32
年均 3d 最小值/(m³/s)	49	41	37.74	60	−61.11
年均 7d 最小值/(m³/s)	51	54	39.19	62	−57.58
年均 30d 最小值/(m³/s)	62	81	44.74	79.65	−54.04
年均 90d 最小值/(m³/s)	160	151	90.66	229	−1.65
年均 1d 最大值/(m³/s)	7022	6651	4178	9866	7.93
年均 3d 最大值/(m³/s)	4988	4642	2972	7004	−15.15
年均 7d 最大值/(m³/s)	3513	3059	2024	5002	−33.71
年均 30d 最大值/(m³/s)	1633	1588	1141	2125	−32.83
年均 90d 最大值/(m³/s)	1054	1009	732	1376	−11.62
基流指数	0.12	0.13	0.09	0.13	−56.25
年最小值出现时间/d	66	13	23	176	14.55
年最大值出现时间/d	172	190	129	215	−4.55
低脉冲次数/次	6	13	4	8.09	−68.18
低脉冲历时/d	16	8	8	23.05	−56.25
高脉冲次数/次	10	9	7	12.47	−25.76
高脉冲历时/d	2	3	2	3.68	−50.83
上升率/[m³/(s·d)]	378	222	285.50	470	−71.36
下降率/[m³/(s·d)]	−146	−159	−180.90	−110.80	−25.76
逆转次数/次	79	166	68	90.32	−100

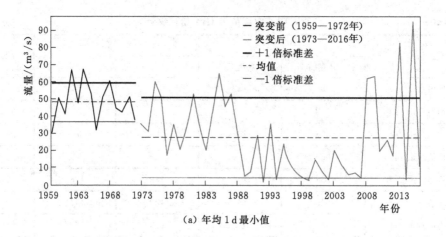

(a) 年均 1d 最小值

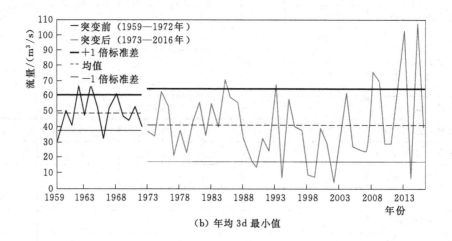

(b) 年均 3d 最小值

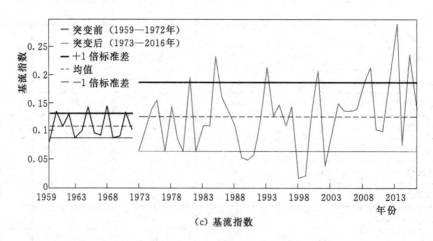

(c) 基流指数

图 4.3.31　石门站突变前后年极端流量变化

（3）年极端流量出现时间。研究区年极端流量出现时间均发生低度改变（图 4.3.32）。依据图 4.3.32 分析可知，石门站年最小流量出现时间在突变后均值和 RVA 阈值下限均有所减少，表明年最小流量出现时间的儒略日提前，即年最小流量发生的时间相较于突变前提前发生；年最大流量发生时间相较于突变前更加集中，发生时间也有延迟。

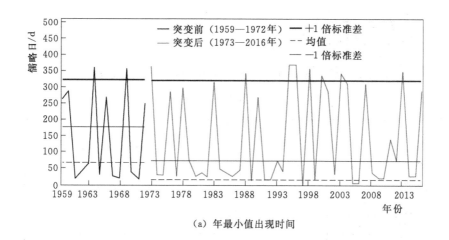

（a）年最小值出现时间

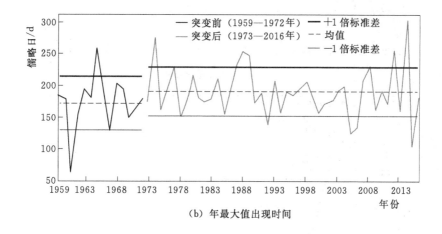

（b）年最大值出现时间

图 4.3.32　石门站年极端流量出现时间

（4）高低脉冲出现的频率及历时。石门站突变后低脉冲次数和高脉冲历时有所增加，而低脉冲历时和高脉冲次数有所增加（表 4.3.6），其中低脉冲次数发生高度改变，高、低脉冲历时发生中度改变（图 4.3.33）。依据图 4.3.33 分析可知，低脉冲次数在突变前较为稳定，在突变后呈现出先增加后减少的趋势，RVA 阈值范围扩大，上限和下限大于突变前且上限增加十分显著；低脉冲历时在 1973—1980 年与突变前相比变化不大，1980 年后低脉冲历时显著下降，RVA 阈值上限和下限相较于突变前下降显著且下限接近于 0；高脉冲历时在突变后除个别年份外，整体略有减少，RVA 阈值上限和下限相较于突变前略有下降。

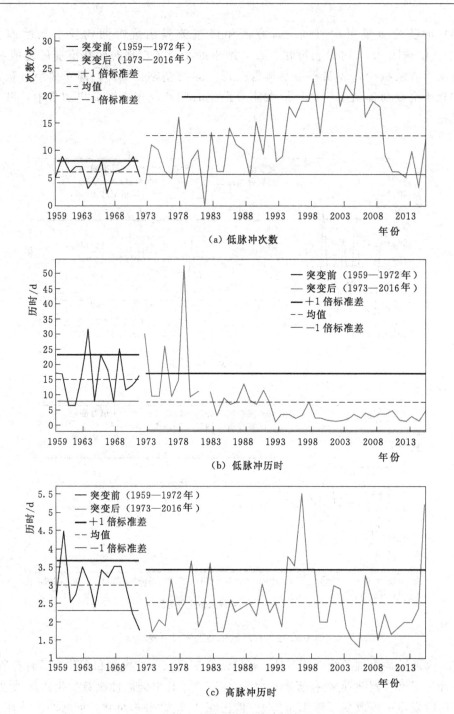

图 4.3.33　石门站突变前后高低脉冲频率及历时变化

　　(5) 流量变化改变率及频率。石门站突变后上升率下降,下降率和逆转次数有所增加。上升率和逆转次数均发生高度改变 (表 4.3.6、图 4.3.34)。由图 4.3.34 可以看出,上升率在突变后逐渐下降,RVA 阈值上限和下限相较于突变前减少且明显下降;逆转次数在突变后发生显著变化,突变后逆转次数远远大于突变前,RVA 阈值下限高于突变前的上限，可见突变后逆转次数已完全发生改变。

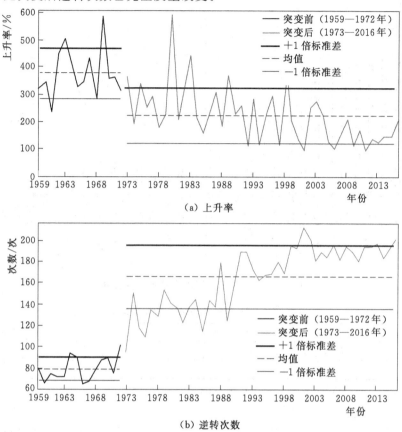

（a）上升率

（b）逆转次数

图 4.3.34 石门站突变前后流量变化改变率及频率变化

4.3.3 河流水文改变度评价

4.3.3.1 湘水（湘潭）

（1）变异前后水文指标变化度比较。根据表 4.3.3 列出的湘潭水文站突变前后河流水文改变度绝对值进行排序，如图 4.3.35 所示。湘潭水文站 32 个水文指标大多发生低度改变，其中只有年最小值出现时间的水文改变度高达 100%，湘潭站的基流指数、年均 3d、7d、1d 和 30d 最小值以及高、低脉冲次数和低脉冲历时为中度改变，其余都是低度改变。

根据计算的湘潭水文站突变前后 32 个水文指标绝对值的改变度可知，受突变的影响，湘潭水文站的流量在改变度等级统计中发生低度改变的水文指标所占的比例最高，占72%，发生中度改变所占的比例次之，占到 25%，发生高度改变的占有率最少仅有 3%。

基于以上分析，湘水湘潭站的变化程度由低度变化主导。这就说明湘水的水系在整个突变前后的改变并不是很大，还是朝着一个比较良好的趋势发展。

（2）整体水文改变度分析。计算出湘潭水文站各组指标的整体水文改变度以及各水文站的整体水文改变度，结果见表 4.3.7。根据各组水文指标的计算结果进行分析，湘潭站只有第三组属于高度改变，其他 3 组指标均属中度和低度改变。

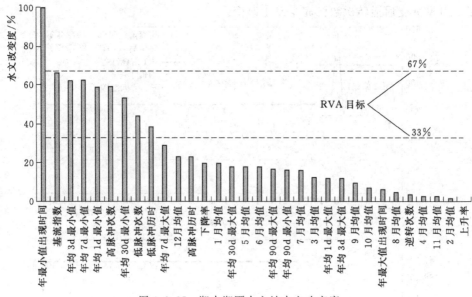

图 4.3.35　湘水湘潭水文站水文改变度

表 4.3.7　　　　　　　　　湘潭水文站流量序列整体水文改变度

各 组 水 文 改 变 度					整体水文改变度
第 1 组	第 2 组	第 3 组	第 4 组	第 5 组	D_0/%
13 (L)	43 (M)	71 (H)	43 (M)	12 (L)	36 (M)

注　H 表示高度改变；M 表示中度改变；L 表示低度改变。

4.3.3.2　资水（桃江）

（1）变异前后水文指标变化度比较。根据表 4.3.4 列出的桃江水文站突变前后河流水文改变度绝对值进行排序，如图 4.3.36 所示。可见，桃江水文站 32 个水文指标大多发生

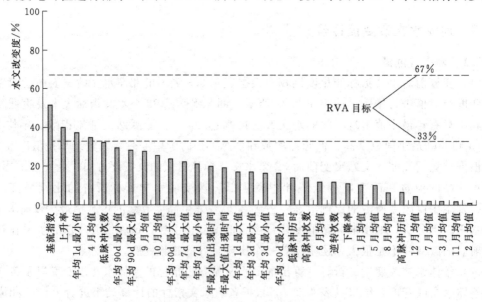

图 4.3.36　资水桃江水文站水文改变度

低度改变，其中基流指数的改变度最高为 52%，属于中度改变。32 个水文指标中只有基流指数、上升率、年均 1d 最小值、4 月均值为中度改变，其余均为低度改变。

　　根据计算出的桃江水文站突变前后 32 个水文指标绝对值的改变度受突变的影响，桃江水文站的流量在改变度等级统计中发生低度改变的水文指标所占的比例最高，占 88%，发生中度改变所占的比例次之，占到 12%，没有发生高度改变的水文指标。

　　基于以上研究结果，资水桃江站的变化程度由低度变化主导。表明资水的水系在整个突变前后的改变并不是很大，尚朝着良好的趋势发展。

　　（2）整体水文改变度分析。分别计算出桃江水文站各组指标的整体水文改变度以及各水文站的整体水文改变度，结果见表 4.3.8。

表 4.3.8　　　　　　　　　　桃江水文站流量序列整体水文改变度

| 各 组 水 文 改 变 度/% | | | | | 整体水文改变度 D_0/% |
第 1 组	第 2 组	第 3 组	第 4 组	第 5 组	
16 (L)	28 (L)	20 (L)	19 (L)	25 (L)	22 (L)

　　注　　H 表示高度改变；M 表示中度改变；L 表示低度改变。

　　根据各组水文指标的计算结果可以得出，桃江站 5 组指标都为低度改变，整体也为低度改变，因此得出突变点对资水桃江站的水文改变度为低度改变。

4.3.3.3　沅水（桃源）

　　（1）变异前后水文指标变化度比较。根据表 4.3.5 列出的桃源站突变前后水文改变绝对值进行排序（图 4.3.37）。桃源站 32 个水文指标大多发生低度改变。发生高度改变的指标有年最小值出现时间和逆转次数，其中年最小值出现时间的水文改变度达到 100%。发生中度改变的指标有低脉冲次数和历时，年均 1d、3d 最小值和上升率，其中低脉冲历时水文改变度为 64.29%，接近高度改变。

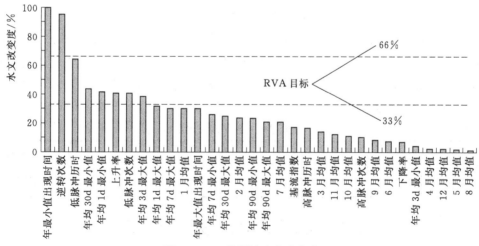

图 4.3.37　桃源站水文改变度

　　（2）整体水文改变度分析。根据各指标的水文改变度计算出每组指标的水文改变度和整体水文改变度，计算结果见表 4.3.9。桃源站第 1 组和第 2 组指标为低度改变；第 4 组和第 5 组为中度改变；第 3 组为高度改变。整体水文改变度达到 35.44%，属于中度改变，但接近低度改变，表明突变后桃源站流量序列有一定的改变。

表 4.3.9　　　　　　　桃源站流量序列整体水文改变度

各 组 水 文 改 变 度 /%					整体水文改变度
第 1 组	第 2 组	第 3 组	第 4 组	第 5 组	D_0/%
14.65	29.69	73.85	39.32	60.07	35.44

4.3.3.4　澧水（石门）

（1）变异前后水文指标变化度比较。依据表 4.3.6 列出的石门站突变前后水文改变绝对值进行排序（图 4.3.38），石门站 32 个水文指标大多发生中低度改变。发生高度改变的指标有逆转次数、年均 1d 最小值、上升率和低脉冲次数，其中逆转次数水文改变度达到 100%。发生中度改变的指标有年均 3d、7d、30d 最小值，基流指数和高低脉冲历时，其中年均 3d 最小值水文改变度为 61.11%，接近高度改变。

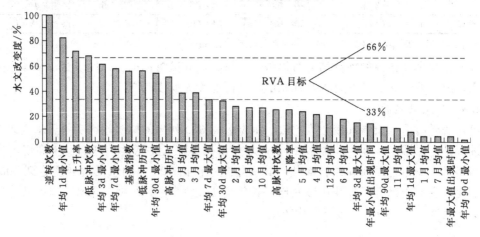

图 4.3.38　石门站水文改变度

（2）整体水文改变度分析。根据各指标的水文改变度计算出每组指标的水文改变度和整体水文改变度（表 4.3.10）。石门站第 1 组和第 3 组为低度改变；第 2 组和第 4 组为中度改变；第 5 组为高度改变。整体水文改变度达到 42.10%，属于中度改变，表明突变后石门站流量序列有一定的改变。

表 4.3.10　　　　　　　石门站流量序列整体水文改变度　　　　　　　　　　%

各 组 水 文 改 变 度					整体水文改变度
第 1 组	第 2 组	第 3 组	第 4 组	第 5 组	D_0
24.35	45.28	10.78	52.58	72.47	42.10

4.4　洞庭湖生态水文情势变化

4.4.1　洞庭湖年均水位变化特征

4.4.1.1　年均水位趋势性检验

趋势性是反映样本序列随时间增加的倾向，即增加、减少或不变。为揭示洞庭湖水系年平均流量趋势变化，点绘 1959—2016 年平均水位年际变化过程曲线。研究期间，洞庭湖水系年平均水位除 1965 年、1972 年、1983 年、1992 年、1998 年、2006 年、2011 年特枯年或特大洪水年的波动幅度较大外，城陵矶站和杨柳潭站呈增长趋势，南咀站呈缓慢降低趋势（图 4.4.1）。

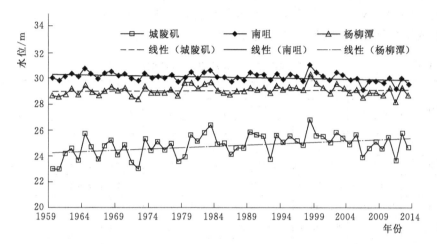

图 4.4.1 洞庭湖年均水位变化及趋势

运用 M-K 检验方法检验 3 个站点年平均水位变化的趋势性（表 4.4.1）可知，城陵矶站、杨柳潭站年平均水位总体呈微弱上升态势，其中杨柳潭站上升趋势未通过显著性检验，城陵矶站上升趋势通过了 95% 置信度检验。

表 4.4.1   洞庭湖年均水位变化趋势 M-K 检验

站点	城陵矶站	南咀站	杨柳潭站
统计量	2.56	−2.35	0.76
检验判别	1.96	1.96	1.64
趋势性	通过 95% 置信度检验	通过 95% 置信度检验	不显著

4.4.1.2 年均水位突变性检验

运用前述提及的 M-K 检验、累积距平法和滑动 T 检验法，对洞庭湖城陵矶七里山站、南咀站、杨柳潭站 3 个控制站研究期间的年均水位序列进行突变年份检验。基于以上 3 种检测方法综合判别洞庭湖 3 站点理论上的突变年份，结果见表 4.4.2。

表 4.4.2   洞庭湖 3 个水文站年均水位突变统计结果

水文站	突 变 年 份			变异年份
	M-K 检验法	累积距平法	滑动 T 检验法	
城陵矶	1963、1966、1972	1979、2003	1979、2003	1979、2003
南咀	2003	1960、2003	1983、2003	2003
杨柳潭	1960	1978、2003	1978、1983、2003	1978、2003

4.4.2 洞庭湖生态水文指标变化

为揭示洞庭湖水位的改变程度，将2003年以前洞庭湖日水位过程作为自然态基准水位序列，2003—2016年洞庭湖日水位过程作为水文变异后的水位改变序列。研究在此基础上运用IHA和RVA法计算三峡水库运行对洞庭湖水系水位的改变程度。三峡水库运行对各水位指标参数改变程度的计算结果见表4.4.3。

表 4.4.3 三峡水库运行前后 IHA 指标统计

IHA 指标	城陵矶站			南咀站			杨柳潭站		
	蓄水前	蓄水后	改变度/%	蓄水前	蓄水后	改变度/%	蓄水前	蓄水后	改变度/%
第1组指标									
1月中值	20.05m³/s	20.9m³/s	−75(H)	28.29m³/s	28.46m³/s	100(H)	27.72m³/s	27.69m³/s	41(M)
2月中值	19.69m³/s	20.97m³/s	−75(H)	28.42m³/s	28.36m³/s	−50(M)	27.88m³/s	27.74m³/s	0(L)
3月中值	20.91m³/s	22.45m³/s	25(L)	28.85m³/s	29.01m³/s	−25(L)	28.34m³/s	28.46m³/s	−29(L)
4月中值	23.6m³/s	23.9m³/s	75(H)	29.66m³/s	29.4m³/s	25(L)	28.84m³/s	28.69m³/s	−25(L)
5月中值	26.02m³/s	26.58m³/s	−50(M)	30.66m³/s	30.47m³/s	0(L)	29.33m³/s	29.55m³/s	0(L)
6月中值	27.55m³/s	27.86m³/s	75(H)	31.47m³/s	30.92m³/s	0(L)	29.9m³/s	29.96m³/s	65(M)
7月中值	30.45m³/s	29.36m³/s	−75(H)	32.44m³/s	31.46m³/s	−50(M)	31.4m³/s	30.22m³/s	−50(M)
8月中值	28.79m³/s	29.63m³/s	−75(H)	31.6m³/s	31.46m³/s	−25(L)	29.95m³/s	30.16m³/s	−25(L)
9月中值	28.3m³/s	28.83m³/s	−25(L)	31.18m³/s	30.98m³/s	25(L)	29.37m³/s	29.6m³/s	25(L)
10月中值	26.68m³/s	25.49m³/s	−25(L)	30.47m³/s	29.31m³/s	−100(H)	28.69m³/s	28.04m³/s	−75(H)
11月中值	24.13m³/s	21.93m³/s	−25(L)	29.62m³/s	28.51m³/s	−75(H)	28.32m³/s	27.55m³/s	−100(H)
12月中值	21.1m³/s	21.29m³/s	25(L)	28.57m³/s	28.38m³/s	−25(L)	27.83m³/s	27.54m³/s	0(L)
第2组指标									
年均1d最小值	18.95m³/s	20.28m³/s	−75(H)	28.03m³/s	27.97m³/s	−50(M)	27.28m³/s	27.27m³/s	89(H)
年均3d最小值	18.99m³/s	20.3m³/s	−75(H)	28.05m³/s	27.98m³/s	−25(L)	27.28m³/s	27.28m³/s	100(H)
年均7d最小值	19.08m³/s	20.41m³/s	−75(H)	28.06m³/s	28m³/s	−25(L)	27.3m³/s	27.31m³/s	100(H)
年均30d最小值	19.29m³/s	20.86m³/s	−75(H)	28.19m³/s	28.24m³/s	−50(M)	27.48m³/s	27.47m³/s	50(M)
年均90d最小值	19.96m³/s	21.76m³/s	−75(H)	28.56m³/s	28.49m³/s	25(L)	27.89m³/s	27.69m³/s	−25(L)
年均1d最大值	32.25m³/s	31.58m³/s	0(L)	34.21m³/s	33.88m³/s	−50(M)	33.38m³/s	33.14m³/s	−25(L)
年均3d最大值	32.21m³/s	31.57m³/s	0(L)	34.14m³/s	33.75m³/s	−50(M)	33.33m³/s	33.06m³/s	−25(L)
年均7d最大值	32.03m³/s	31.47m³/s	0(L)	33.92m³/s	33.24m³/s	−25(L)	33.17m³/s	32.95m³/s	0(L)
年均30d最大值	31m³/s	30.64m³/s	−25(L)	32.98m³/s	32.78m³/s	−50(M)	31.96m³/s	31.42m³/s	−50(M)
年均90d最大值	29.59m³/s	29.46m³/s	−50(M)	32.16m³/s	31.7m³/s	−25(L)	30.78m³/s	30.52m³/s	0(L)
基流指数	0.7661	0.8132	−100(H)	0.9291	0.9399	0(L)	0.9408	0.9437	0(L)
第3组指标									
年最小值出现时间	35d	366d	−78(H)	28.5d	358d	0(L)	7.5d	32d	25(L)
年最大值出现时间	199.5d	212d	−56(M)	195.5d	203d	−6(L)	192.5d	203d	−75(H)

续表

IHA 指标	城陵矶站			南咀站			杨柳潭站		
	蓄水前	蓄水后	改变度/%	蓄水前	蓄水后	改变度/%	蓄水前	蓄水后	改变度/%
第4组指标									
低脉冲次数	2次	3次	−39(M)	2次	4次	−36(M)	3次	5次	−67(H)
低脉冲历时	56d	19d	−20(L)	39.25d	9d	−47(M)	13d	11.5d	41(M)
高脉冲次数	2次	2次	−8(L)	5次	4次	−17(L)	4次	4次	20(L)
高脉冲历时	38d	35d	−76(H)	9d	9d	−43(M)	13d	23d	−20(L)
第5组指标									
上升率	0.14m³/(s·d)	0.1175m³/(s·d)	−24(L)	0.08m³/(s·d)	0.06m³/(s·d)	−58(M)	0.07m³/(s·d)	0.07m³/(s·d)	−52(M)
下降率	−0.11m³/(s·d)	−0.1025m³/(s·d)	20(L)	−0.06m³/(s·d)	−0.06m³/(s·d)	−14(L)	−0.06m³/(s·d)	−0.06m³/(s·d)	8(L)
逆转次数	43次	50次	−25(L)	59次	73次	−79(H)	78次	88次	−53(M)

注 H 表示高度改变；M 表示中度改变；L 表示低度改变。

4.4.2.1 月均水位变化

洞庭湖流域 3 个水文站最明显的水文变异大多出现在 10 月、11 月、1 月、2 月（非汛期）及 6—8 月（汛期）（表 4.4.3、图 4.4.2）。上游水库的削峰拦洪措施对汛期径流的削减作用影响很大，而水库在非汛期的农业灌溉和生活用水对增加月均水位也有一定影响。

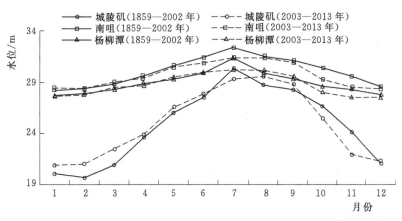

图 4.4.2 突变前后均值水位变化

4.4.2.2 年极端水位大小

洞庭湖城陵矶站年最小 1d、3d、7d、30d、90d 水位变化程度都达到最大，而年最小 90d 水位变化最低，其他次之（表 4.4.3、图 4.4.3）。南咀站和杨柳潭站 1d 水位变化如图 4.4.4 和图 4.4.5 所示。

长江上游修建的三峡水库对年极小值水位的改变程度高（H）说明三峡水库运行使洞庭湖水系枯水期低水位过程的改变程度较大，有可能会对河流生态系统产生负面影响；对年极大值水位的改变程度相对较低，说明三峡水库运行对汛期高水位过程的改变程度小，因而高水位过程变化对河流生态系统的影响也可能较小。1d、3d、7d、30d 和 90d 年均极

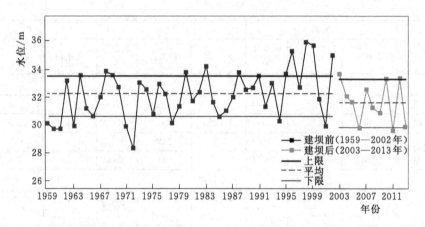

图 4.4.3 城陵矶站年均最大 1d 水位变化

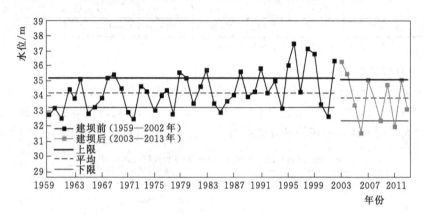

图 4.4.4 南咀站年均最大 1d 水位变化

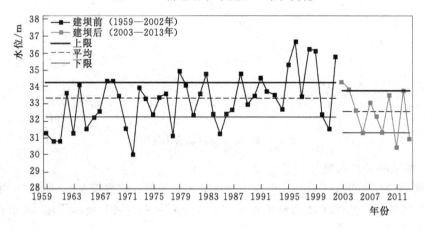

图 4.4.5 杨柳潭站年均最大 1d 水位变化

小值水位较水库运行前均有不同程度的减少，其中，1d、3d、7d 年均极小水位表现出均一化，因而导致年极小值水位出现时间有较大程度的改变（H），且各年平均极小值水位均落在 RVA 目标区间内的频率均比期望值低；三峡水库运行对 7d、30d 和 90d 年均极大值流量和年极大值水位出现时间的水位改变度低（L），丰水期三峡水库对大洪水的调蓄作用导致1d、3d年均最大值水位均有中等程度的改变（M），除90d年极大值水位外，1d、3d、7d、30d年极大值水位均落在RVA目标区间的频率均比期望值高。

4.4.2.3 年极端水位发生时间

城陵矶站年最小水位出现日期从每年2月初推迟到次年1月初；南咀站年最小水位出现日期从每年1月末推迟到12月；杨柳潭站年最小水位出现日期从每年1月初推迟到2月初；三峡水库蓄水后，在非汛期（11月至次年4月），由于汛前泄水腾空防洪库容，使最小水位发生了时间上的变化；在汛期（5—10月），三峡水库只是调节洪峰流量，基本不改变洪峰的出现时间，故对最大水位发生时间改变较小。极值出现时间可作为生物体迁徙与繁殖活动的信号，极小水位出现时间的提前会严重影响生物繁殖期内的行为过程和栖息环境。

4.4.2.4 高、低脉冲的频率及历时

城陵矶、南咀、杨柳潭3个站点的高、低水位频率及历时总体上呈增加趋势（表4.4.3）。城陵矶站低脉冲次数由建坝前的2次增加为3次，南咀、杨柳潭站建坝后均比建坝前增加2次；低脉冲历时均有不同程度的减少，城陵矶站由建坝前的56d减少为19d，变化最为明显（图4.4.6）。南咀站的高脉冲次数略有减少，城陵矶站、杨柳潭站

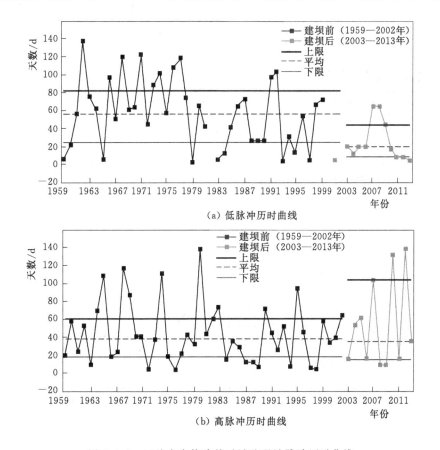

图 4.4.6　三峡水库修建前后城陵矶站脉冲历时曲线

的高脉冲次数保持不变；城陵矶站的高脉冲历时由建坝前的 38d 减少为 35d（图 4.4.6），杨柳潭站的高脉冲历时由建坝前的 13d 增加为 23d，南咀站不变。综上所述，三峡水库的修建在一定程度上减少了低脉冲发生的次数和历时，可以防止干旱问题的发生。但高脉冲次数及历时的减少虽然可以在防洪时有效地削减洪峰，但是也会增大低流量，从而影响植物生存发展所需的适宜土壤湿度，同时也会对河道的纵横断面产生一定的影响。

4.4.2.5 流量变化改变率及频率

流量变化上升率除杨柳潭站无变化外，城陵矶站和南咀站的上升率均有所减少，城陵矶站的变化最为显著，由 0.14% 减少至 0.1175%（表 4.4.3、图 4.4.7）；下降率南咀站和杨柳潭站没有发生变化，城陵矶站略有下降；三站的逆转次数均有所变化，南咀站的逆转次数变化最为显著，由建坝前的 59 次增加至建坝后的 73 次。综上可知，南咀站的变化最为显著，表明三峡水库调节对南咀站的影响最为显著。水位变化改变率及频率的增加或减少会对河流生物种群产生一定的影响。由于生物承受的外界变化具有一定的限度，水位的变化改变率及频率会对河流生态环境的变化周期产生严重影响，特别是逆转次数的改变，会直接影响水生动植物的生存环境，阻碍水生动植物的生长。

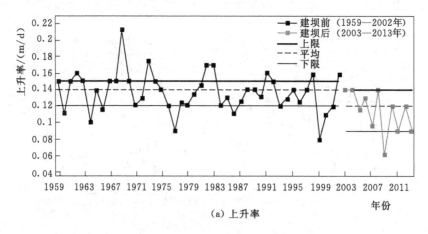

（a）上升率

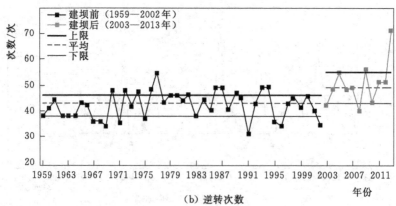

（b）逆转次数

图 4.4.7 建库前后城陵矶站水位改变率及频率变化

4.4.3　河流水文改变度评价

4.4.3.1　蓄水前后水文指标变化度比较

为了探究三峡水库的修建对洞庭湖水系所造成的影响，计算城陵矶七里山、南咀、杨柳潭 3 个水文站在建坝前后 32 个水文指标绝对值的改变度，并绘制 3 等级的水文改变度图（图 4.4.8）。

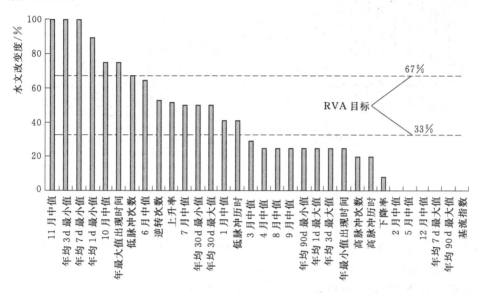

（a）杨柳潭

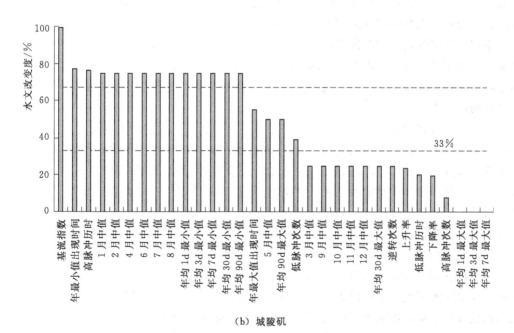

（b）城陵矶

图 4.4.8（一）　洞庭湖水改变度

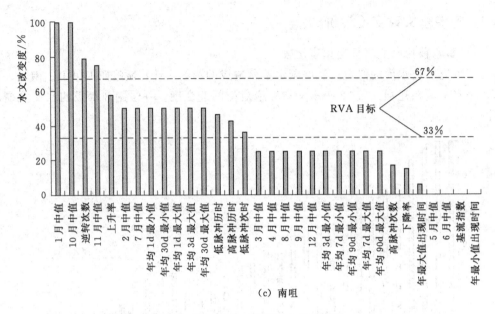

(c) 南咀

图 4.4.8（二） 洞庭湖水文改变度

在 32 个水文指标中，城陵矶七里山站的改变度比南咀站和杨柳潭站大。南咀站发生高度改变的指标为 13 个，杨柳潭站发生高度改变的指标为 22 个，水位的变化度在年均值 1d、3d、7d 最大值、最小值的水文指标变化剧烈程度远远高于位于长江干流的城陵矶和南咀。对造成这种现象的原因阐述如下：①城陵矶站地处长江干流，受三峡工程的影响较为显著，但是该站又作为洞庭湖水系流入长江的唯一出口，在旱期的影响反而比较小；②杨柳潭受到资水和南洞庭的湖泊调节作用受上游三峡工程影响较小；③南咀受到荆江三口水系和目平湖的湖泊调节作用受上游三峡工程的影响也较小；④三峡在蓄水期间由于蓄水而造成的下泄流量减少以及在枯水期间水库的补水增泄流量都会对 3 个站点有或大或小的影响。前者一般发生在 10 月，特殊年份可能会延长至 11 月初；后者发生在 12 月至次年 6 月的枯水季节。

受三峡水库修建的影响，城陵矶七里山水文站的水位在改变度等级统计中发生高度改变的水文指标所占的比例最高，占 43%，南咀站和杨柳潭站发生低度改变的水文指标所占比例最高，均为 53%；城陵矶站发生中度改变所占的比例次之，占到 44%（图 4.4.9）。杨柳潭站发生高度改变所占的比例次之，占到 22%；城陵矶、南咀、杨柳潭改变度最低的分别是中度改变、高度改变和高度改变，分别占 13%、13%、22%。

4.4.3.2 整体水文改变度分析

城陵矶、南咀、杨柳潭水文站各组水文改变度和整体改变度见表 4.4.4。

分别计算出城陵矶、南咀、杨柳潭 3 个水文站各组指标的整体水文改变度以及各水文站的整体水文改变度。根据图表分析可知，城陵矶站第 1、2、4 组均属于中度改变，第 3 组为高度改变、第 5 组属于低度改变；南咀水文站除第 3 组属于低度改变外，其他组水文指标改变度均属于中度改变；杨柳潭水文站 5 组改变度都属于中度改变；综合分析可知城陵矶、南咀、杨柳潭的整体水文改变度分别为 56%、45%、50%，均处于中等改变程度。

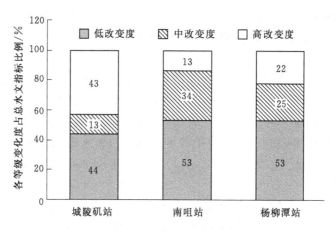

图 4.4.9　洞庭湖不同等级变化度所占比例

表 4.4.4 各水文站水位序列水文改变度 ％

水文站	各 组 水 文 改 变 度					整体水文改变度 D_0
	第1组	第2组	第3组	第4组	第5组	
城陵矶	57（M）	61（M）	68（H）	44（M）	23（L）	56（M）
南咀	53（M）	38（M）	4（L）	38（M）	57（M）	45（M）
杨柳潭	47（M）	56（M）	56（M）	42（M）	43（M）	50（M）

注 H表示高度改变；M表示中度改变；L表示低度改变。

第3组的改变程度较明显，城陵矶受影响最大，为68％，南咀受影响程度最低，为4％。据初步推测，其造成原因是城陵矶靠近长江主干道，受上游三峡水库的调洪蓄水影响，对年极值水位出现时间的干扰较大。城陵矶站的上升率、下降率、逆转次数呈低度改变，表明三峡水库的调峰和调频作用对城陵矶站的水位逆转次数和上升率、下降率的改变较小。但从整体改变度分析，受三峡水库开发及运行影响的城陵矶、南咀、杨柳潭站点均处于中等程度的改变，受影响程度基本相同。水位的频繁变化，增加冲刷，造成敏感物种丧失，破坏生物生命循环；涨水次数的降低影响某些生物的繁殖，尤其是多种水电工程在蓄水、泄水时期对年极值时间出现的改变尤为明显。因此，水流的时刻、历时、变动率水位的变化频率与河流生态环境的变化生物周期息息相关，频繁的水位逆转会对低流速河流的生物、河床河岸植被产生较大的影响，制约着生物的生长过程。

4.5　小　　结

通过 M-K 趋势检验及 M-K 突变检验等统计分析方法，分析湖南省关键水文站点径流的趋势性、突变性，揭示洞庭湖流域生态水文情势的演变规律，并采用 IHA-RVA 法分析了洞庭湖流域主要水文站水文突变前后生态水文情势变化程度。

（1）荆江三口（太平口、藕池口以及松滋口）的年均流量均呈显著下降趋势，通过了99％显著性水平检验。湘水（湘潭）、资水（桃江）、沅水（桃源）年均流量呈现上升趋势，趋势不显著，而澧水（石门）年均流量呈下降趋势，趋势不显著；湖区东洞庭湖城陵矶站和南洞庭湖杨柳潭站年平均水位总体呈上升态势，其中城陵矶站上升趋势通过了95％置信度检验，西洞庭湖湖区南咀站均水位呈下降趋势，下降趋势通过了95％置信度检验。

（2）荆江三口突变年份为1980年，表明1980年后江湖关系变化对荆江三口年均流量有直接影响。湘水（湘潭）、资水（桃江）、沅水（桃源）和澧水（石门）突变年份分别为1991年、1987年、1989年和1973年，洞庭湖四水年均流量突变年份有所差异，表明湘水、资水、沅水和澧水的水电工程受影响程度不同。大型水电工程建设主要集中在20世纪80年代，洞庭湖湖区水文站突变年份为2003年，表明2003年以后洞庭湖湖区水位发生了较为明显的改变。

（3）荆江三口生态水文综合改变度分别为56％、54％和29％。太平口和藕池口的流量特性都发生中度改变，且两者的整体水文改变度相差不大，松滋口为低度改变；湘水（湘潭）、资水（桃江）、沅水（桃源）和澧水（石门）生态水文综合改变度分别为36％、22％、35％和42％，其中湘水、沅水和澧水属于中度改变，资水属于低度改变；洞庭湖湖区3个代表水文站城陵矶、南咀、杨柳潭的整体水文改变度分别为56％、45％、50％，均为中等改变。

第5章 洞庭湖流域环境流量指标分析

环境流量指标研究以 IHA 软件为平台，选取湖南省四水、三口和洞庭湖湖区主要水文站的逐日流量、水位资料，依据各水文站点的突变点分为两个变动水文序列，分析水文突变前后洞庭湖流域环境流量组成及评价指标变化情况。

5.1 环境流量组成定义

环境流量最早于 20 世纪后期由西方国家提出，其最初目的是为了维护河流的生态健康，核心在于寻求最优的方法使人类、河流和其他生物种群能够共享有限的水资源。美国大自然保护协会（TNC）指出，环境流量是维持河流生态环境所需的流量及其过程。基于河流水文过程线可分为一系列与生态有关的水位图模式这一新的生态假设，河流流量过程被划分为枯水流量、特枯流量、高流量脉冲、小洪水和大洪水 5 种流量模式，即环境流量组成（Environment Flow Components，EFC）的 5 种流量事件。Richter 认为这 5 种流量事件对维持河流生态系统完整性是十分重要的，不仅体现在枯季时需满足一定的水量，更重要的是一定规模的洪水，甚至极端枯水流量都发挥着重要的生态功能。[68,69]

环境流量组成的 5 种流量事件形式具体描述如下。

（1）枯水流量（low flows）。该流量事件是大多数河流主要的流量状态。自然河流中，随着降水或融雪时期的过去以及地表径流的稳定，河流流量状态回到基本/枯水流量水平，枯水流量依靠地下水向河流补给来维持。由于枯水流量决定着一年内多数时间可用的水生生物栖息地的数量和特征（如温度、流速、连通性等），因此，枯水流量的季节性变化给河流的水生群落带来很大影响，制约着水生生物的数量及多样性。

（2）特枯流量（extreme low flows）。在干旱时期，河流流量较小，给一些生物的生存带来压力。一方面，特枯流量可能引起水化学性质的改变，常常伴随有水温升高和溶解氧降低等现象，从而对许多生物生存造成严重的威胁；另一方面，特枯流量也可能引起被捕食物种的聚集、洪泛平原的低地干涸等，降低连通性，限制某些水生生物的活动。

（3）高流量脉冲（high flow pluses）。高流量脉冲发生在暴雨期或短暂的融雪期，主要指河流流量超过枯水流量水平但却没有高过河岸的涨水。这些短期流量脉冲的存在可能在一定程度上缓解枯水流量带来的生态压力、高水温及低溶解氧等问题，还能冲走废物、传递有机物质，并增加水生生物食物网的营养。高流量脉冲特别有助于有机物移动到下游区域，为下游区域的鱼类及其他生物提供营养物质。

（4）小洪水（small floods）。该流量事件指流量超过主河床河岸但不包括低频率的洪水，一般发生频率在 2～10 年内。小洪水使鱼类和其他浮游生物能够进入上游或下游的洪泛平原及洪水浸没的湿地以寻找适宜的栖息环境，如二级支流、洄水区、泥沼和浅滩等。

这些场所可为水生生物快速生长提供所需的大量食物资源，提供躲避高流量的避难所，降低主河道水温，或者用于产卵和孵卵。小洪水可以使浅层地下水和水下区域重新注满水，这对无脊椎动物和水生植物十分重要。

（5）大洪水（large floods）。大洪水在河流生态系统中十分重要，发生频率较低。该流量事件可将河流和洪泛平原的生物及其物理结构进行重排。大洪水可移动大量沉积物、大块木质残留物以及其他有机物质，形成新的栖息地，并使主河道和洪泛平原水体的水质变好。大洪水可以冲刷产卵地，将有机质冲入下游，移除沙滩、岛屿和岸边的植被，对牛轭湖和洪泛平原湿地的形成具有重要意义。

美国大自然保护协会（TNC）为这 5 种流量事件形式提供了一系列水文指标及其相应的生态影响。河流生物的生命与这些事件的发生时间、频率、量值大小、持续时间及其变化率紧密相关，包含 5 组 34 个指标，称为环境流指标，这些指标代表了河流的水文状态，反映了河流水文情势在日间、季节间及年际间的变化，具体见表 5.1.1。

表 5.1.1　　　　　　　　　　环境流量指标及其生态学意义

EFC 指标	水文指标	生态学意义
枯水流量	各月枯水流量均值或中值	为生物提供适宜的环境，维持水温、水质及溶解氧稳定；为陆生动物提供饮用水；保证两栖的产卵繁殖为陆生动物提供饮用水；保证两栖的产卵繁殖鱼类能够顺利游到产卵区等
特枯流量	峰值、历时、发生时间及频率	极端低流量情况下河流水位很低，水温、水化学和溶解氧等水质因子将发生较大变化，从而对水生生物形成胁迫，引起较高的死亡率，同时耐受性较强物种数量会增加
高流量脉冲	峰值、历时、发生时间、频率及上升下降率	河道物理特性的塑造，包括水池、浅滩等，决定床底质的大小；保护河岸植被免被河道侵占；经过长时间枯水期后对河流水质进行修复，冲走废弃物及污染物；防止产卵区砾石的淤积；河口处保持盐分平衡等
小洪水	峰值、历时、发生时间、频率及上升下降率	河道横向和纵向的贯通性得到提高，河流横向具有更大范围的流速分布，洪水可以波及河汊、湿地及其他浅水区，为鱼类的迁徙、产卵提供场所；保证生物的生命周期；为幼鱼提供栖息场所等
大洪水	峰值、历时、发生时间、频率及上升下降率	自然河流的大洪水将使河流生物群落和河床结构被重塑。维持水生、陆生生物平衡；为入侵物种提供场所；冲蚀生物养料；改变水生、陆生生物群体的种类；推动河道横向运动，形成新的河流生态环境；增加土壤水分等

5.2　环境流量组成的界定

5.2.1　主要阈值参数

Richter 等对于如何界定这五类流量事件提出了一套分类算法。首先将流量序列对应各日按相关阈值划分为两类水文日，即高流量日和低流量日（包括上升分支日和下降分支日）；然后根据相关阈值参数划分枯水流量事件、特枯流量事件、高流量脉冲事件、小洪水事件和大洪水事件。

算法包括 7 个主要阈值参数，具体如下。

（1）高流量日上限百分位阈值（T_{high}）。序列的流量值按由小到大排序后的第 75 百分位数值，流量值高于该阈值的流量日被划分为高流量日。

（2）高流量日下限百分位阈值（T_{low}）。序列的流量值按由小到大排序后的第 50 百分位数值，流量值低于该阈值的流量日被划分为低流量日。

（3）高流量日起始百分位阈值（T_{start}）。为 25%，当流量值介于高流量日上限百分位阈值和高流量日下限百分位阈值之间时，该阈值控制着高流量脉冲过程的开始日，也控制着高流量日在一个下降分支日后是否开始一个新的上升分支日。

（4）高流量日结束百分比阈值（T_{end}）。为 10%，当流量值介于高流量日上限百分位阈值和高流量日下限百分位阈值之间时，该阈值控制着高流量脉冲过程的结束日，也控制着高流量日在下降分支日和上升分支日间的切换。

（5）小洪水重现期年份阈值（$T_{small\,flood}$）。为 2 年，该阈值控制着高流量脉冲事件是否被划分为小洪水。

（6）大洪水重现期年份阈值（$T_{large\,flood}$）。为 10 年，该阈值控制着高流量脉冲事件是否被划分为大洪水。

（7）特枯流量百分比阈值（T_{Xlow}）。序列的流量值按由小到大排序后的第 10 百分位数值，该阈值控制着特枯流量事件的划分。

5.2.2 流量事件界定

完成各阈值参数的设定后即可对环境流量组成的 5 种流量事件进行划分，其运算流程如图 5.2.1 所示，其界定如下：

（1）划分流量序列前两天的水文日类型。若第 1 天的流量值在所有流量值中的频率大于 T_{low} 或第 1 天至第 2 天的变化率大于等于 T_{start} 时，将其划分为高流量日；否则划分为低流量日。高流量日中，若第 1 天到第 2 天的下降率低于 T_{start} 则为高流量日的上升分支日；否则划分为高流量日的下降分支日。

（2）继续处理后续流量日序列，划分高流量日、低流量日以及高流量日的上升分支日和下降分支日，规则如下。

1）若前一天为低流量日，当该日流量高于 T_{high} 或高于 T_{low} 且较前一天上升率高于 T_{start} 时，该日划入高流量上升分支日；否则仍为低流量日。

2）若前一天为高流量上升分支日，当该日流量较前一天下降率超过 T_{end} 时，高流量下降分支日开始；否则高流量上升分支日继续。

3）若前一天为高流量下降分支日，当该日流量上升率高于 T_{start} 时，该日为高流量上升分支日；否则为高流量下降分支日。

4）若前一天为高流量下降分支日，当该日流量较前一天上升率不超过 T_{start} 且下降率不超过 T_{end} 时，划分为低流量日，除非该日流量大于 T_{high}，该种情况下仍划分为高流量下降分支日。

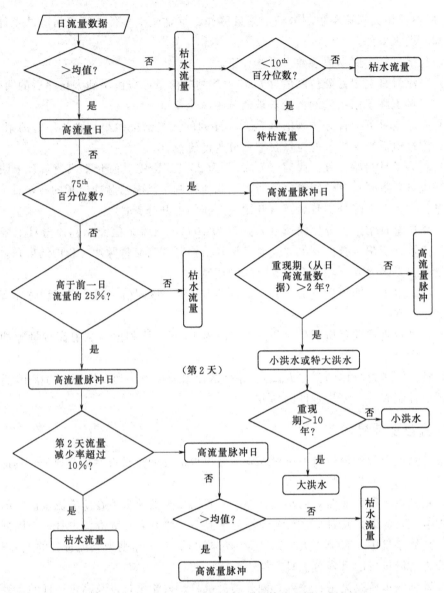

图 5.2.1　环境流量组成运算流程图

5）一旦该日流量小于 T_{low}，则无论前一天为何种流量日（包括高流量上升分支日），该日划为低流量日。由于有些情况下前一天为高流量上升分支日时，当天及后续流量下降过于缓慢以至于无法划分高流量下降分支日，故需要此条规则。

6）高流量日结束后，后续天开始划分为低流量日。

（3）当高流量日和低流量日划分结束后，将连续的高流量日划分为高流量脉冲事件；若该事件的极大值大于 $T_{small\ flood}$ 对应的极大值，则划为小洪水事件；若该事件的极大值大于 $T_{large\ flood}$ 对应的极大值，则划为大洪水事件。

（4）将低流量日划分为低流量事件和极低流量事件。若低流量日流量值低于 T_{Xlow}，则将该日划为特枯流量日，连续的特枯流量日划为特枯流量事件，其他的低流量日为枯水流量事件。

5.2.3 环境流量指标的计算

5.2.3.1 环境流指标说明

（1）高流量脉冲事件、小洪水事件、大洪水事件的极大值指事件内的第一个高峰日（即一个高流量上升下降过程中上升分支日的最后一天）流量；特枯流量事件的极小值指事件内的最小日流量；统计高流量脉冲事件、小洪水事件、大洪水事件出现时间时，使用第一个高峰日的出现日期。

（2）大、小洪水重现期阈值 $T_{\text{small flood}}$ 和 $T_{\text{large flood}}$ 对应流量值的计算。将所有高流量脉冲事件的极大流量值作为频率计算的总体，针对重现期阈值计算对应频率，根据计算所得频率选择对应流量值。

（3）特枯流量、高流量脉冲、小洪水和大洪水 4 种流量事件中的上升率（或下降率）指的是相应流量事件中第二日流量值相较于第一日流量值的上升（或下降）百分比，其计算公式为

$$P = \frac{Q_2 - Q_1}{Q_1} \tag{5.2.1}$$

式中：P、Q_1 和 Q_2 分别指的是流量事件的上升率（或下降率）、第 1 日流量和第 2 日流量。当 P 为正值时是上升率，P 为负值时是下降率。

5.2.3.2 环境流指标的计算步骤

（1）依据本部分开始描述的水文序列划分方法，将水文站逐日流量水文序列分为蓄水前和蓄水后两个变动水文序列。

（2）采用 IHA 软件，对水文站逐日流量水文序列分阶段统计 34 个环境流量指标，包括蓄水前后的中值、离散系数和偏差系数。

中值（median）指的是一定水文序列计算长度下，序列流量值按由小到大排序后的第 50 百分位数值，反映计算时段河流流量的一般水平。

离散系数（Coefficients of Dispersion，CD）反映与均值的偏离程度，计算公式为

$$CD = \frac{H - L}{M} \tag{5.2.2}$$

式中：H、L 和 M 分别指蓄水前后各水文序列的第 75 百分位数、第 25 百分位数和第 50 百分位数。

偏差系数（Deviation Factor，DF）是指蓄水后各指标数值相对于蓄水前各指标数值的偏差。

（3）对比蓄水前后各环境流量指标的统计结果，分析水文突变前后环境流量指标的变化情况。

5.3 荆江三口环境流量指标分析

洞庭湖荆江三口［太平口（弥陀寺）、藕池口（康家岗、管家铺）和松滋口（新江口、

沙道观）] 5 个水文站 1955—2016 年逐日流量资料，以 1981 年为水文突变点划分为 1955—1980 年和 1981—2016 年两个不同时间序列，运用 IHA - RVA 计算软件对荆江三口环境流量指标进行分析，计算结果见表 5.3.1。

表 5.3.1　　　　　　　　　　荆江三口环境流量指标计算表

流量事件		太平口			藕池口			松滋口		
		干扰前	干扰后	偏离度/%	干扰前	干扰后	偏离度/%	干扰前	干扰后	偏离度/%
各月枯水流量	1 月	24.87m³/s	3.5m³/s	−85.92	21.72m³/s			70.43m³/s	38.99m³/s	−44.64
	2 月	14.36m³/s	2.741m³/s	−80.91	7.052m³/s			50.61m³/s	43.07m³/s	−14.89
	3 月	43.45m³/s	10.74m³/s	−75.28	44.2m³/s			107.3m³/s	51.86m³/s	−51.69
	4 月	155.3m³/s	72.47m³/s	−53.34	170.8m³/s	77.29m³/s	−54.76	352.7m³/s	183.1m³/s	−48.09
	5 月	443.5m³/s	211.4m³/s	−52.33	631.5m³/s	179.3m³/s	−54.76	1031m³/s	612.3m³/s	−40.6
	6 月	639.8m³/s	491.4m³/s	−23.19	1004m³/s	566.7m³/s	−43.53	1488m³/s	1255m³/s	−15.64
	7 月	899.3m³/s	781.8m³/s	−13.07	1534m³/s	1247m³/s	−18.72	2147m³/s	1862m³/s	−13.25
	8 月	780.3m³/s	716.5m³/s	−8.172	1303m³/s	1055m³/s	−19.06	1900m³/s	1708m³/s	−10.14
	9 月	801.1m³/s	674.7m³/s	−15.78	1317m³/s	901m³/s	−31.58	1981m³/s	1700m³/s	−14.19
	10 月	676.6m³/s	379.3m³/s	−43.93	1036m³/s	337.2m³/s	−67.46	1682m³/s	1076m³/s	−36.01
	11 月	341.9m³/s	102.4m³/s	−70.05	451.8m³/s	73.94m³/s	−83.63	827.4m³/s	382.9m³/s	−53.72
	12 月	86.45m³/s	18.79m³/s	−78.27	108m³/s	3.519m³/s	−96.74	213.1m³/s	69.93m³/s	−67.19
特枯流量	极小值	0	0	0	0	0	0	8.645m³/s	9.131m³/s	5.614
	历时	58.92d	84.06d	42.66	87.9d	114.1d	29.85	37d	35.77d	−3.343
	极小值出现时间	41.79d	273.2d	73.54	359d	284.3d	40.82	66.57d	53.57d	7.102
	极小值出现次数	0.8077 次	2.139 次	164.8	0.9615 次	1.861 次	93.56	1.462 次	2.972 次	103.4
高流量脉冲	极大值	1521m³/s	1419m³/s	−6.672	4048m³/s	3476m³/s	−14.14	3728m³/s	3857m³/s	3.465
	历时	13.26d	10.64d	−19.76	13.58d	11.6d	−14.6	12.76d	14.48d	13.53
	极大值出现时间	226.9d	220.7d	3.374	207.8d	220.2d	6.808	220.7d	219.9d	0.4314
	极大值出现次数	4.538 次	4.167 次	−8.192	3.346 次	2.361 次	−29.44	4.577 次	4.083 次	−10.78
	上升率	179.2m³/(s·d)	140.3m³/(s·d)	−21.68	492.1m³/(s·d)	−303.3m³/(s·d)	−7.013	323.9m³/(s·d)	392.6m³/(s·d)	21.24
	下降率	179.2m³/(s·d)	140.3m³/(s·d)	−21.68	492.1m³/(s·d)	402.7m³/(s·d)	−18.17	−224.9m³/(s·d)	−265.9m³/(s·d)	18.24
小洪水	极大值	2767m³/s	2720m³/s	−1.696	11300m³/s			8146m³/s	8206m³/s	0.7321
	历时	54.73d	38.5d	−29.66	95.08d			68.73d	48.8d	−28.99
	极大值出现时间	212.2d	201d	6.137	214d			217d	209d	4.372
	极大值出现次数	0.5769 次	0.05556 次	−90.37	0.4615 次	0	−100	0.4231 次	0.1389 次	−67.17
	上升率	150.9m³/(s·d)	77.02m³/(s·d)	−48.96	497.8m³/(s·d)			471.5m³/(s·d)	260.4m³/(s·d)	−44.77
	下降率	−110.2m³/(s·d)	−111.4m³/(s·d)	1.043	−202.9m³/(s·d)			−179.2m³/(s·d)	−330.1m³/(s·d)	84.21

流量事件		太 平 口			藕 池 口			松 滋 口		
		干扰前	干扰后	偏离度 /%	干扰前	干扰后	偏离度 /%	干扰前	干扰后	偏离度 /%
大洪水	极大值	3065m³/s	2970m³/s	−3.1	13500m³/s			9664m³/s	10120m³/s	4.672
	历时	56d	83d	48.21	83d			59.5d	32d	−46.22
	极大值出现时间	225.5d	230d	2.459	211d			247d	197.5d	27.05
	极大值出现次数	0.07692次	0.02778次	−63.89	0.07692次	0	−100	0.07692次	0.05556次	−27.78
	上升率	107.8m³/(s·d)	39.48m³/(s·d)	−63.37	268			4530m³/(s·d)	462.7m³/(s·d)	−89.79
	下降率	−84.51m³/(s·d)	−62.75m³/(s·d)	−25.75	−315.4m³/(s·d)			−4393m³/(s·d)	−556.6m³/(s·d)	−87.33

5.3.1 太平口（弥陀寺）

从不同流量事件的分布情况来看（图 5.3.1），突变后小洪水事件的发生次数显著减少，出现特枯流量事件和大洪水事件更加集中，1999 年之后特枯流量事件和大洪水事件完全消失，高流量脉冲出现事件间隔有所增加且量值有所减少。流量过程全部划入小洪水事件、高流量脉冲事件和枯水流量事件的模式，表明流量的变化范围变窄，环境流量组成有单一化的趋势。

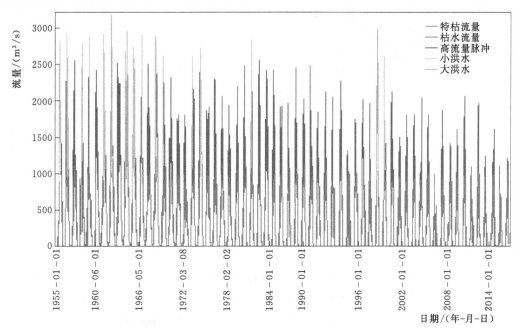

图 5.3.1 太平口不同流量事件分布

从环境流量指标的均值变化来看（表 5.3.1），1—3 月为枯水期，突变后河流断流，其他月份量值均有所减少，其中 1 月流量偏离度最大，达到 70.05%；特枯流量事件出现时间提前 3 个月左右，高流量脉冲事件出现时间有所推迟；特枯流量事件的平均历时有所增加，高流量脉冲事件的平均历时有所减少；高流量脉冲事件的上升率和下降率都有所减少；大洪水和小洪水事件基本消失。受影响较大的环境流量指标包括 1 月、2 月、3 月、

11 月、12 月的枯水流量、特枯流量事件的出现次数和出现时间以及小洪水极大值出现次数。受影响较大的流量事件包括枯水流量事件和特枯流量事件（图 5.3.2）。

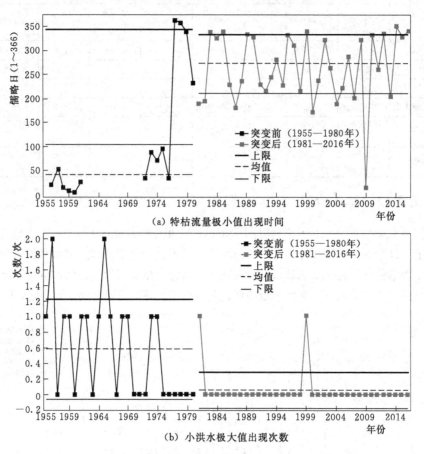

（a）特枯流量极小值出现时间

（b）小洪水极大值出现次数

图 5.3.2　太平口环境流量指标变化

5.3.2　藕池口（康家岗、管家铺）

从不同流量事件的分布情况来看（图 5.3.3），1969 年之后特枯流量事件、高流量脉冲事件和小洪水事件完全消失，尤其在 1993 年以后，高流量脉冲出现的间隔时间增长且量级逐渐减少。流量过程全部划入高流量脉冲事件和枯水流量事件的模式，表明流量的变化范围变窄，环境流量组成有单一化的趋势。

从环境流量指标的均值变化来看（表 5.3.1），1—3 月为枯水期，突变后河流断流，其他月份量值均有所减少，其中 12 月流量减少偏离度最大，达到 96.74%；特枯流量事件出现时间提前两个月左右，高流量脉冲事件出现时间有所推迟；特枯流量事件的平均历时有所增加，高流量脉冲事件的平均历时有所减少；高流量脉冲事件的上升率和下降率都有所减少；大洪水和小洪水事件完全消失。受影响较大的环境流量指标包括 4 月、5 月、6 月、10 月、11 月、12 月的枯水流量、特枯流量事件的出现次数和出现时间。受影响较大的流量事件包括枯水流量事件和特枯流量事件（图 5.3.4）。

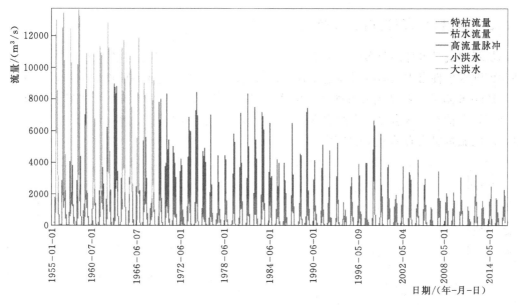

图 5.3.3　藕池口不同流量事件分布

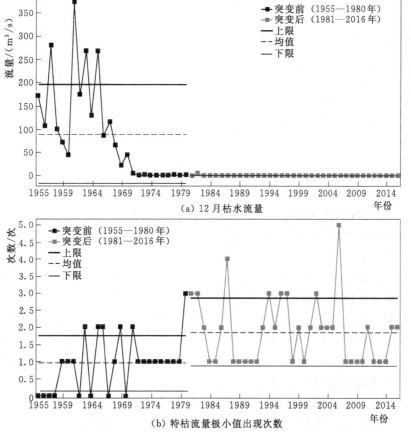

图 5.3.4　藕池口环境流量指标变化

5.3.3　松滋口（新江口、沙道观）

从不同流量事件的分布情况来看（图 5.3.5），突变后小洪水事件减少，特枯流量事件和大洪水事件出现的间隔时间增长且量值有所增加，高流量脉冲事件发生的频率有所减少，1990 年以后，特枯流量事件和大洪水事件完全消失，小洪水事件更加集中。流量过程全部划入枯水流量事件、小洪水事件和高流量脉冲事件的模式，表明流量的变化范围变窄，环境流量组成有单一化的趋势。

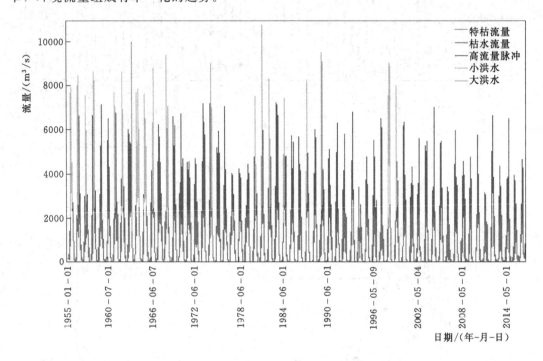

图 5.3.5　松滋口不同流量事件分布

从环境流量指标的均值变化来看（表 5.3.1），大洪水事件的变化最大，其中大洪水事件的上升率减少最大，偏移度达到 89.79%；枯水流量事件的量值在 1 月、3 月、4 月、5 月、10 月、11 月、12 月明显下降，在其他月份略有下降；大洪水事件出现时间推迟一个半月左右，特枯流量事件、高流量脉冲事件、小洪水事件出现时间均有所提前；特枯流量事件平均历时有所减少，高流量脉冲事件的平均历时有所增加，小洪水事件和大洪水事件的平均历时均明显减少；特枯流量事件的出现次数明显增加，高流量脉冲事件出现次数略有减少，小洪水事件和大洪水事件的出现时间明显减少；小洪水事件的上升率和大洪水事件的下降率明显减少，小洪水事件的下降率明显增加。受影响较大的环境流量指标包括 1 月、3 月、4 月、5 月、10 月、11 月、12 月的枯水流量、特枯流量事件的出现次数、小洪水事件的出现次数、上升率、下降率、大洪水事件的历时、上升率、下降率，受影响较大的流量事件包括枯水流量事件、小洪水事件、大洪水事件（图 5.3.6）。

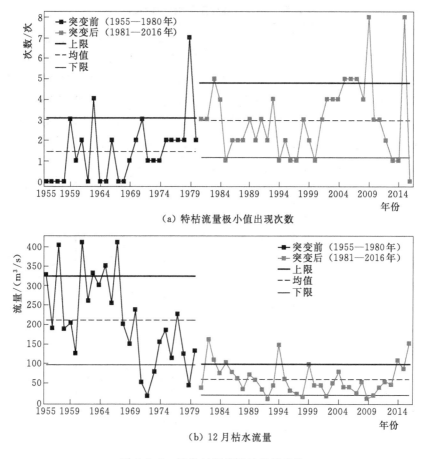

（a）特枯流量极小值出现次数

（b）12月枯水流量

图 5.3.6 松滋口环境流量指标变化

5.4 四水环境流量指标分析

湖南省四水主要选取湘江（湘潭）、资水（桃江）、沅水（桃源）、澧水（石门）4 个代表水文站 1959—2016 年日流量资料，将日流量资料分为水文干扰前和水文干扰后两个不同时间序列，其中湘水、资水和沅水为干扰前（1959—1988 年）和干扰后（1989—2016 年），澧水为水文干扰前（1959—1972 年）和干扰后（1973—2016 年），运用 IHA - RVA 计算软件，对其进行环境流量指标分析，计算结果见表 5.4.1 和表 5.4.2。

5.4.1 湘水（湘潭）

从不同流量事件的分布情况来看（图 5.4.1），突变后大洪水事件有所减少，小洪水事件有所增加，而特枯流量事件在突变后的 26 年内只发生两次，尤其在 2006 年以后，大洪水事件和特枯流量事件完全消失，小洪水事件出现时间间隔有所增长且量值有所增加，枯水流量事件和高流量脉冲事件更加集中。大多数流量过程划入小洪水事件、高流量脉冲事件和枯水流量事件的模式，表明流量的变化范围变窄，环境流量组成有单一化的趋势。

表 5.4.1　　　　　　　　　湘潭、桃江站环境流量指标计算表

流　量　事　件		湘　潭　站			桃　江　站		
		蓄水前	蓄水后	偏移度/%	蓄水前	蓄水后	偏移度/%
各月枯水流量	1 月	843.2m³/s	1078m³/s	27.81	366.3m³/s	430.6m³/s	17.56
	2 月	1124m³/s	1214m³/s	7.954	428m³/s	495.2m³/s	15.71
	3 月	1416m³/s	1643m³/s	16.06	542.1m³/s	546.4m³/s	0.7799
	4 月	1784m³/s	1868m³/s	4.706	615.8m³/s	618.7m³/s	0.4674
	5 月	1872m³/s	1942m³/s	3.744	636.9m³/s	638.9m³/s	0.3146
	6 月	1687m³/s	1980m³/s	17.35	638.9m³/s	625.4m³/s	−2.11
	7 月	1186m³/s	1488m³/s	25.51	528m³/s	546.2m³/s	3.436
	8 月	1094m³/s	1435m³/s	31.25	470.2m³/s	465.2m³/s	−1.077
	9 月	1036m³/s	1198m³/s	15.57	406.5m³/s	418.2m³/s	2.871
	10 月	899.8m³/s	950m³/s	5.571	383.2m³/s	376.7m³/s	−1.701
	11 月	988.3m³/s	1046m³/s	5.796	440.6m³/s	397.2m³/s	−9.845
	12 月	806m³/s	908.1m³/s	12.67	377.3m³/s	351.8m³/s	−6.756
特枯流量	极小值	338.7m³/s	337.4m³/s	−0.3875	127.2m³/s	147.3m³/s	15.85
	历时	12.76d	6.52d	−48.91	10.26d	3.486d	−66.03
	极小值出现时间	296.4d	338.9d	23.22	327.4d	311.4d	8.733
	极小值出现次数	3.031 次	1.231 次	−59.4	4.25 次	8.167 次	92.16
高流量脉冲	极大值	5067m³/s	4896m³/s	−3.373	1529m³/s	1369m³/s	−10.49
	历时	10.4d	9.22d	−11.34	6.865d	7.873d	14.67
	极大值出现时间	159.7d	150.8d	4.855	178d	145.6d	17.68
	极大值出现次数	7.219 次	8.346 次	15.62	12.04 次	12.17 次	1.088
	上升率	796.4m³/(s·d)	813.9m³/(s·d)	2.191	339.4m³/(s·d)	273.8m³/(s·d)	−19.33
	下降率	−478m³/(s·d)	−481.5m³/(s·d)	0.7271	−231.8m³/(s·d)	−204.2m³/(s·d)	−11.91
小洪水	极大值	14830m³/s	14160m³/s	−4.541	5822m³/s	5600m³/s	−3.805
	历时	34.85d	41.58d	19.33	21.73d	54.21d	149.5
	极大值出现时间	150.3d	182.7d	17.7	157.9d	193.1d	19.23
	极大值出现次数	0.5 次	0.8846 次	76.92	0.5357 次	0.3333 次	−37.78
	上升率	1087m³/(s·d)	1291m³/(s·d)	18.74	722.9m³/(s·d)	481.9m³/(s·d)	−33.34
	下降率	−1021m³/(s·d)	−1058m³/(s·d)	3.622	−602.3m³/(s·d)	−271.5m³/(s·d)	−54.93
大洪水	极大值	19230m³/s	19950m³/s	3.726	8135m³/s	8822m³/s	8.441
	历时	26d	24.5d	−5.769	49.5d	33.8d	−31.72
	极大值出现时间	181.7d	154.5d	14.85	183.5d	187.6d	2.24
	极大值出现次数	0.09375 次	0.07692 次	−17.95	0.07143 次	0.3333 次	366.7
	上升率	1325m³/(s·d)	1686m³/(s·d)	27.21	685.6m³/(s·d)	760.1m³/(s·d)	10.88
	下降率	−1519m³/(s·d)	−1175m³/(s·d)	−22.62	−601.7m³/(s·d)	−1367m³/(s·d)	127.2

表 5.4.2 桃源、石门站环境流指标计算表

流量事件		桃 源 站			石 门 站		
		蓄水前	蓄水后	偏移度/%	蓄水前	蓄水后	偏移度/%
各月枯水流量	1月	652.3m³/s	841.8m³/s	29.05	110.9m³/s	143.5m³/s	29.46
	2月	824.8m³/s	989.8m³/s	20	151.6m³/s	173.2m³/s	14.26
	3月	1072m³/s	1398m³/s	30.38	198.3m³/s	221.6m³/s	11.73
	4月	1510m³/s	1691m³/s	11.95	249.9m³/s	260m³/s	4.06
	5月	1813m³/s	1793m³/s	−1.071	289.8m³/s	307.1m³/s	5.948
	6月	1692m³/s	2009m³/s	18.73	253.4m³/s	300.9m³/s	18.74
	7月	1442m³/s	1692m³/s	17.33	238.5m³/s	317.9m³/s	33.33
	8月	1273m³/s	1383m³/s	8.601	215.9m³/s	257.4m³/s	19.2
	9月	1066m³/s	1159m³/s	8.775	190.2m³/s	215.6m³/s	13.36
	10月	1004m³/s	944.9m³/s	−5.922	181.3m³/s	199.7m³/s	10.11
	11月	1055m³/s	998.9m³/s	−5.307	199.9m³/s	205m³/s	2.529
	12月	751.5m³/s	815m³/s	8.451	134.7m³/s	165.2m³/s	22.58
特枯流量	极小值	354.2m³/s	334m³/s	−5.691	55.24m³/s	46.41m³/s	−16
	历时	11.33d	5.495d	−51.51	18.81d	4.286d	−77.22
	极小值出现时间	342.9d	333.3d	5.237	56.2d	30.08d	14.27
	极小值出现次数	3.133次	7.393次	135.9	2.214次	7.795次	252.1
高流量脉冲	极大值	5756m³/s	4754m³/s	−17.41	1768m³/s	1424m³/s	−19.46
	历时	8.263d	9.437d	14.21	5.708d	5.738d	0.5266
	极大值出现时间	186.3d	166d	11.09	183d	181.9d	0.5997
	极大值出现次数	9.7次	8.929次	−7.953	14.5次	15.48次	6.74
	上升率	1337m³/(s·d)	816.4m³/(s·d)	−38.92	690.7m³/(s·d)	492.4m³/(s·d)	−28.71
	下降率	−742.7m³/(s·d)	−627.9m³/(s·d)	−15.45	−301.4m³/(s·d)	−242.9m³/(s·d)	−19.4
小洪水	极大值	17590m³/s	18360m³/s	4.342	8512m³/s	8041m³/s	−5.534
	历时	26.42d	37.89d	43.43	14.08d	24d	70.41
	极大值出现时间	180d	208d	15.3	184.1d	187.1d	1.648
	极大值出现次数	0.4次	0.3214次	−19.64	0.6429次	0.3864次	−39.9
	上升率	2883m³/(s·d)	1372m³/(s·d)	−52.42	2307m³/(s·d)	2282m³/(s·d)	−1.051
	下降率	−1281m³/(s·d)	−1229m³/(s·d)	−4.046	−1000m³/(s·d)	−602.1m³/(s·d)	−39.82
大洪水	极大值	23470m³/s	24060m³/s	2.516	12000m³/s	14610m³/s	21.75
	历时	34d	35.71d	5.042	16d	31.8d	98.75
	极大值出现时间	193d	198.3d	2.888	181d	192.1d	6.066
	极大值出现次数	0.1次	0.25次	150	0.07143次	0.1364次	90.91
	上升率	1333m³/(s·d)	2959m³/(s·d)	121.9	1945m³/(s·d)	2137m³/(s·d)	9.894
	下降率	−1564m³/(s·d)	−1444m³/(s·d)	−7.733	−1056m³/(s·d)	−733.8m³/(s·d)	−30.53

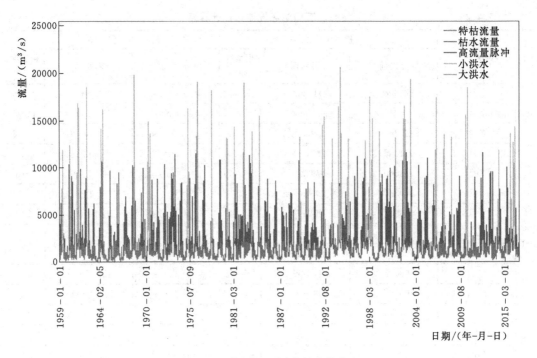

图 5.4.1　湘潭站不同流量事件分布

从环境流量指标的均值变化来看（表 5.4.1），枯水流量事件变化较小，各月份量值均有所增加，其中 8 月流量增幅最大，偏移度达到 31.25％；特枯流量事件和小洪水事件出现时间推迟一个月左右，高脉冲事件和大洪水事件出现时间均有所提前；特枯流量事件和高流量脉冲事件平均历时有所减少，小洪水事件平均历时增加；特枯流量事件出现次数明显减少，高流量脉冲事件出现次数略有减少，小洪水事件出现次数略有增加；高流量脉冲事件与小洪水事件的上升率和下降率均有所增加。受影响较大的环境流量指标包括 8 月枯水流量、特枯流量事件的出现次数及历时、小洪水出现次数，受影响较大的流量事件包括特枯流量事件及大洪水事件（图 5.4.2）。

5.4.2　资水（桃江）

从不同流量事件的分布情况来看，桃江站的环境流量组成在突变后变化不大（图 5.4.3）。突变后大洪水事件明显增多，小洪水事件明显减少，特枯流量事件有所增加，枯水流量事件和高流量脉冲事件没有发生明显变化。大洪水事件出现时间间隔减少且量值明显增加，小洪水事件出现时间间隔减少且量值略有减少。与突变前相比，环境流量较为多样化，流量过程年内更加丰富。

从环境流量指标的均值变化来看，枯水流量事件在突变前后无明显变化，各月份量值略有增加，其中 1 月流量增幅最大，但偏移度仅有 17.56％；小洪水事件和大洪水事件出现时间均有所推迟，其中小洪水事件出现时间推迟 35d 左右，高流量脉冲事件和特枯流量事件出现时间均有所提前，其中高流量脉冲事件提前一个月左右；特枯流量事件和大洪水事件平均历时减少，高流量脉冲事件和小洪水事件平均历时增加，其中突变后的小洪水

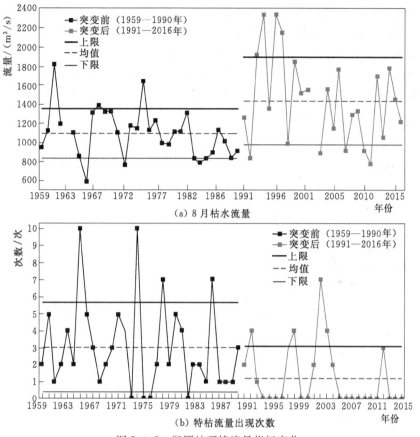

（a）8月枯水流量

（b）特枯流量出现次数

图 5.4.2　湘潭站环境流量指标变化

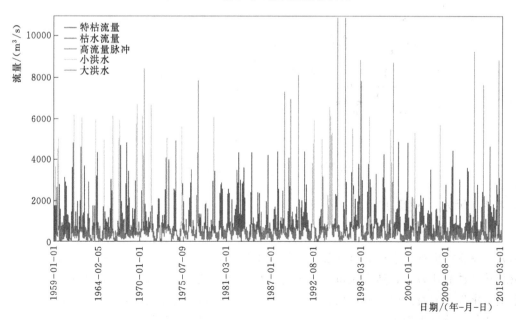

图 5.4.3　桃江站不同流量事件分布

事件平均历时偏移度达到 149.5%；特枯流量事件和大洪水事件的出现次数明显增加，小洪水事件出现的次数有所减少，高流量脉冲事件出现的次数几乎没有发生改变；高流量脉冲事件及小洪水事件的上升率和下降率减少，大洪水事件的上升率和下降率增加，其中下降率的偏移度超过 100%（表 5.4.1）。受影响较大的环境流量指标包括大洪水事件的出现次数及下降率、小洪水事件的平均历时、特枯流量出现的次数及历时，受影响较大的流量事件包括大洪水事件和小洪水事件（图 5.4.4）。

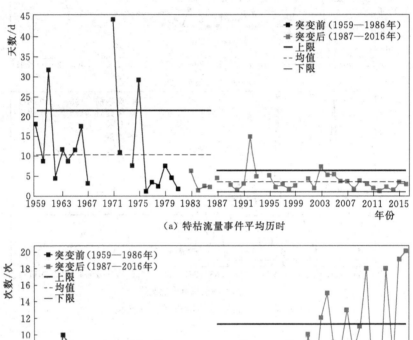

（a）特枯流量事件平均历时

（b）特枯流量事件出现次数

图 5.4.4　桃江站环境流量指标变化

5.4.3　沅水（桃源）

从不同流量事件的分布情况来看（图 5.4.5），桃源站的环境流量组成在突变后变化不大。突变后大洪水事件有所增加，小洪水事件略有减少，特枯流量事件明显增加，高流量脉冲事件有所减少，枯水流量事件没有发生明显变化。大洪水事件出现时间间隔减少，小洪水事件出现时间间隔有所增长且量值略有增加，枯水流量时间出现时间间隔明显减少且量值年内分别表现为增加和减少的趋势。与突变前相比，环境流量组成较为多样化，流量过程年内更加丰富。

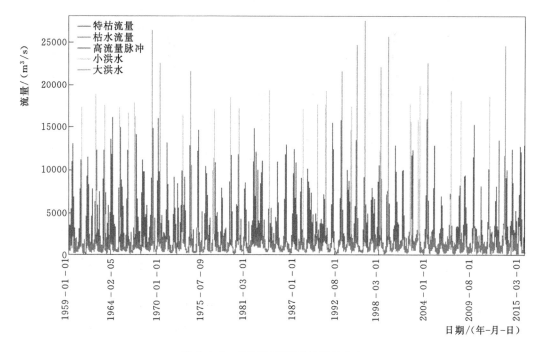

图 5.4.5 桃源站不同流量事件分布

从环境流量指标的均值变化来看，枯水流量事件在突变前后变化不大，除 5 月、10 月和 11 月流量略有减少外，其余各月份流量均有所增加，其中 3 月增幅最大，偏移度达到 30.38%；大洪水事件和小洪水事件出现时间均有所推迟，其中小洪水事件推迟将近一个月，高流量脉冲事件和特枯流量事件出现时间有所提前；特枯流量事件平均历时明显减少，小洪水事件平均历时明显增加，高流量脉冲事件和大洪水事件平均历时无明显变化；特枯流量事件和大洪水事件出现次数明显增加，偏移度分别达到 135.9% 和 150%，高流量脉冲事件出现的次数略有增加，小洪水事件出现的次数略有减少；高流量脉冲事件及小洪水事件的上升率和下降率减少，大洪水事件的上升率增加，下降率减少，其中上升率的偏移度达到 121.9%（表 5.4.2）。受影响较大的环境流量指标包括大洪水事件出现的次数及上升率、特枯流量事件出现的次数及历时、小洪水事件的上升率（图 5.4.6），受影响较大的流量事件包括特枯流量事件和大洪水事件。

5.4.4 澧水（石门）

从不同流量事件的分布情况来看，石门站在突变后大洪水事件、特枯流量事件明显增加，高流量脉冲事件略有减少，小洪水事件略有减少（图 5.4.7）。大洪水事件出现时间间隔减少且量值显著增加，小洪水事件出现时间间隔增加显著但量值略有减少，特枯流量事件出现时间明显减少且量值减少。与突变前相比较，环境流量组成更为多样化，流量过程年内更为丰富。

从环境流量指标的均值变化来看，枯水流量事件在突变前后变化不大，月均值均略有增加，其中 7 月增幅最大，偏移度达到 33.33%；大洪水事件和小洪水事件出现时间均有

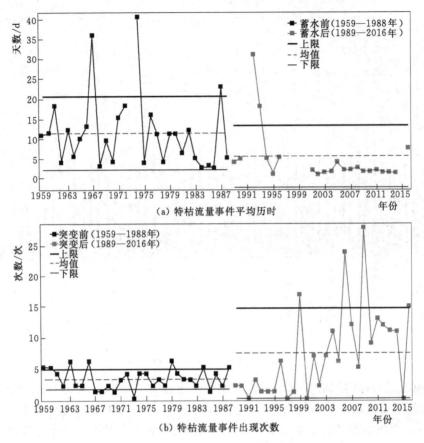

（a）特枯流量事件平均历时

（b）特枯流量事件出现次数

图 5.4.6　桃源站环境流指标变化

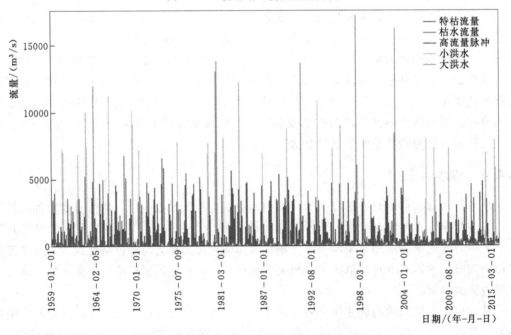

图 5.4.7　石门站不同流量事件分布

所推迟，高流量脉冲事件和特枯流量事件出现时间有所提前，其中特枯流量事件出现时间提前 25d 左右；大洪水事件和小洪水事件平均历时明显增加，偏移度分别达到 98.75% 和 70.41%，特枯流量事件平均历时明显减少，偏移度达到 77.22%；特枯流量事件和大洪水事件出现次数明显增加，偏移度分别达到 252.1% 和 90.91%，小洪水事件出现次数略有减少；高流量脉冲事件的上升率和下降率减少，大洪水事件的上升率增加、下降率减少，小洪水事件的上升率和下降率均下降（表 5.4.2）。受影响较大的环境流量指标包括大洪水事件出现的次数及历时、特枯流量事件出现的次数及历时、小洪水事件的历时（图 5.4.8），受影响较大的流量事件包括特枯流量事件的大洪水事件。

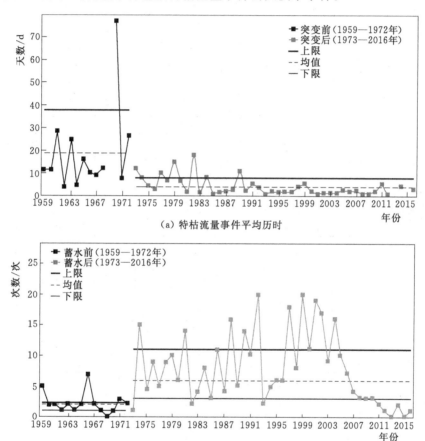

（a）特枯流量事件平均历时

（b）特枯流量事件出现次数

图 5.4.8　石门站环境流量指标变化

5.5　洞庭湖环境流量指标分析

洞庭湖湖区主要选取东洞庭湖（城陵矶）、西洞庭湖（南咀）和南洞庭湖（杨柳潭）3 个代表水文站 1959—2016 年日水位资料，将日水位资料分为三峡水库蓄水前（1959—2002 年）和三峡水库蓄水后（2003—2016 年）两个不同时间序列，运用 IHA - RVA 计算软件，对其进行环境流量指标分析，计算结果见表 5.5.1。

表 5.5.1　　　　　　城陵矶、南咀、杨柳潭站环境流量指标计算表

水位事件	环境流量指标	城陵矶站			南咀站			杨柳潭站		
		干扰前	干扰后	偏离度/%	干扰前	干扰后	偏离度/%	干扰前	干扰后	偏离度/%
月枯水位	1 月	20.51m³/s	21.27m³/s	3.71	28.57m³/s	28.54m³/s	−0.11	27.92m³/s	27.98m³/s	0.20
	2 月	20.67m³/s	21.29m³/s	2.97	28.71m³/s	28.63m³/s	−0.27	28.06m³/s	28.05m³/s	−0.03
	3 月	21.67m³/s	22.55m³/s	4.08	29.02m³/s	29.03m³/s	0.03	28.37m³/s	28.38m³/s	0.02
	4 月	23.52m³/s	23.82m³/s	1.27	29.67m³/s	29.44m³/s	−0.79	28.82m³/s	28.67m³/s	−0.54
	5 月	25.64m³/s	25.67m³/s	0.13	30.32m³/s	30.14m³/s	−0.5	29.11m³/s	29.04m³/s	−0.25
	6 月	26.57m³/s	26.91m³/s	1.27	30.60m³/s	30.62m³/s	0.06	29.20m³/s	29.22m³/s	0.09
	7 月	27.23m³/s	27.16m³/s	−0.29	30.83m³/s	30.81m³/s	−0.07	29.22m³/s	29.39m³/s	0.59
	8 月	27.02m³/s	26.74m³/s	−1.06	30.75m³/s	30.52m³/s	−0.76	29.13m³/s	29.17m³/s	0.12
	9 月	26.68m³/s	25.94m³/s	−2.75	30.63m³/s	30.04m³/s	−1.92	28.94m³/s	28.78m³/s	−0.57
	10 月	26.06m³/s	24.52m³/s	−5.90	30.31m³/s	29.20m³/s	−3.67	28.73m³/s	28.14m³/s	−2.07
	11 月	23.90m³/s	23.27m³/s	−2.61	29.55m³/s	28.91m³/s	−2.17	28.36m³/s	28.08m³/s	−1.01
	12 月	21.42m³/s	21.56m³/s	0.62	28.78m³/s	28.56m³/s	−0.77	27.99m³/s	27.90m³/s	−0.32
特枯水位	极小值	18.89m³/s	19.36m³/s	2.49	28.10m³/s	28.16m³/s	0.19	27.41m³/s	27.36m³/s	−0.19
	平均历时	33.76d	7.00d	−79.27	24.86d	9.15d	−63.19	16.24d	14.50d	−10.74
	极小值出现时间	50.67d	44.50d	3.37	34.70d	363.80d	20.15	29.74d	358.80d	20.18
	极小值出现次数	1.25 次	0.14 次	−88.57	1.73 次	4.43 次	156.40	2.48 次	5.29 次	113.40
高水位脉冲	极大值	29.49m³/s	29.56m³/s	0.24	32.04m³/s	32.19m³/s	0.47	30.82m³/s	30.84m³/s	0.06
	平均历时	24.29d	31.34d	29.02	13.12d	15.57d	18.69	18.96d	21.01d	10.81
	极大值出现时间	196.8d	200.8d	2.23	192.2d	191.7d	0.31	182.0d	193.1d	6.05
	极大值出现次数	2.00 次	1.71 次	−14.29	4.36 次	3.93 次	−9.97	3.52 次	3.07 次	−12.81
	上升率	0.19m³/(s·d)	0.23m³/(s·d)	23.41	0.23m³/(s·d)	0.22m³/(s·d)	−5.30	0.20m³/(s·d)	0.17m³/(s·d)	−17.46
	下降率	−0.14m³/(s·d)	−0.24m³/(s·d)	77.49	−0.14m³/(s·d)	−0.17m³/(s·d)	26.48	−0.14m³/(s·d)	−0.13m³/(s·d)	−2.20
小洪水	极大值	33.16m³/s	33.31m³/s	0.45	34.97m³/s	35.27m³/s	0.85	34.07m³/s	34.04m³/s	−0.07
	平均历时	90.22d	109.00d	20.81	58.11d	51.17d	−11.94	61.68d	67.83d	9.97
	极大值出现时间	207.20d	205.20d	1.09	194.90d	200.30d	2.94	193.40d	201.20d	4.26
	极大值出现次数	0.41 次	0.43 次	4.76	0.45 次	0.43 次	−5.71	0.43 次	0.43 次	−0.75
	上升率	0.25m³/(s·d)	0.14m³/(s·d)	−45.11	0.22m³/(s·d)	0.22m³/(s·d)	2.45	0.27m³/(s·d)	0.19m³/(s·d)	−28.57
	下降率	−0.11m³/(s·d)	−0.11m³/(s·d)	−2.55	−0.15m³/(s·d)	−0.15m³/(s·d)	3.69	−0.16m³/(s·d)	−0.16m³/(s·d)	1.10
大洪水	极大值	35.43m³/s			36.97m³/s	36.27m³/s	−1.89	36.23m³/s		
	平均历时	96.25d			80.00d	39.00d	−51.25	93.00d		
	极大值出现时间	219.50d			212.80d	194.00d	10.25	214.00d		
	极大值出现次数	0.09 次	0	−100.00	0.09 次	0.07 次	−21.43	0.09 次	0	−100.00
	上升率	0.21m³/(s·d)			0.21m³/(s·d)	0.30m³/(s·d)	45.97	0.20m³/(s·d)		
	下降率	−0.18m³/(s·d)			−0.16m³/(s·d)	−0.22m³/(s·d)	35.56	−0.16m³/(s·d)		

5.5.1 东洞庭湖（城陵矶）

从不同水位事件的分布情况来看，突变后大洪水事件完全消失，小洪水事件有所增加，而特枯水位事件在突变后的 13 年内只发生一次，平均历时也急剧下降，小洪水事件出现时间间隔有所减少且量值有所增加，枯水位事件和高水位脉冲事件更加集中（图5.5.1）。

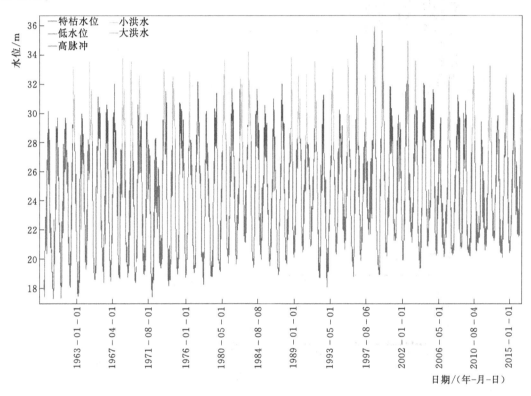

图 5.5.1 城陵矶站不同水位事件分布

水位过程全部划入小洪水事件和枯水位事件的模式，表明水位的变化范围变窄，环境流量组成有单一化的趋势。高水位历时有所增加，次数却减少，这一变化主要是由于上游梯级水库的调度方式导致的，在汛期削减洪峰，使得大洪水事件发生次数消失，在非汛期通过泄水，增加下游河湖的枯水位，使得特枯水位事件消失。

从环境流量指标的均值变化来看（表 5.5.1），枯水位事件变化较小，12 月至次年 6 月枯水季水位值均有所增加，而在丰水季 7—11 月水位量值有所减少；特枯水位事件和小洪水事件出现时间提前几天，高水位脉冲事件出现时间均有所提前；特枯水位事件平均历时有所减少，小洪水事件和高水位脉冲事件平均历时增加；特枯水位事件出现次数明显减少，高水位脉冲事件出现次数略有减少，小洪水事件出现次数略有增加；高水位脉冲事件的上升率和下降率均有所增加。受影响较大的环境流量指标包括特枯水位事件的出现次数及历时、小洪水的上升率，受影响较大的水位事件包括特枯水位事件及大洪水事件（图5.5.2）。

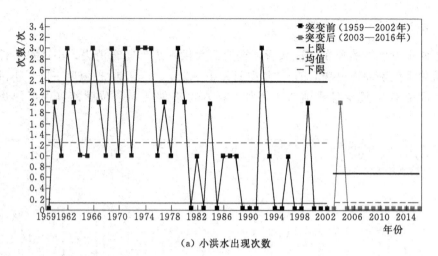

（a）小洪水出现次数

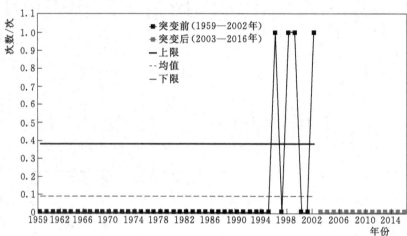

（b）大洪水出现次数

图 5.5.2　城陵矶站环境流量指标变化

5.5.2　西洞庭湖（南咀）

从不同水位事件的分布情况来看，突变后大洪水、小洪水事件均有所减少，且平均历时都有所减少，虽然特枯水位事件在突变后的次数急剧上升，但其历时发生了大幅减少，量值也增加了，小洪水事件出现时间间隔和量值都有所增加，枯水位事件和特枯水位事件更加集中。水位过程全部划入特枯水位事件和枯水位事件的模式，表明水位的变化范围变窄，趋于枯水位，不利于当地生态发展（图 5.5.3）。高水位脉冲事件历时有所增加，次数却减少，量值发生增加。

从环境流量指标的均值变化来看，枯水位事件变化较小，各月枯水位都有不同程度的减少，只有 3 月和 6 月有轻微上升；特枯水位事件和大洪水事件出现时间提前了一个月左右，高水位脉冲事件和小洪水事件出现时间基本不变；特枯水位事件、小洪水事件和大洪水事件平均历时均有所减少，高水位脉冲事件平均历时增加；特枯水位事件出现次数显著

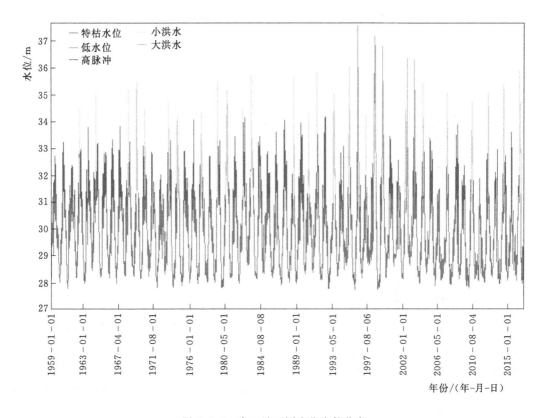

图 5.5.3 南咀站不同水位事件分布

增加，高水位脉冲事件、大洪水事件和小洪水事件出现次数略有减少；大洪水事件和小洪水事件的上升率和下降率均有所增加（表 5.3.1）。受影响较大的环境流量指标包括特枯水位事件的出现次数及历时、大洪水的上升率和平均历时，受影响较大的水位事件包括特枯水位事件及大洪水事件（图 5.5.4）。

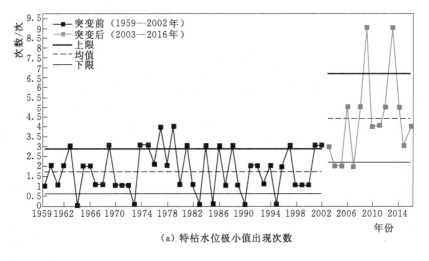

（a）特枯水位极小值出现次数

图 5.5.4（一） 南咀站环境流量指标变化

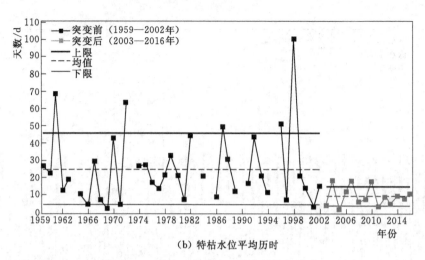

（b）特枯水位平均历时

图 5.5.4（二）　南咀站环境流量指标变化

5.5.3　南洞庭湖（杨柳潭）

从不同水位事件的分布情况来看，杨柳潭站在突变后小洪水事件出现次数虽然不变，但时间间隔却有所减少（图 5.5.5）。突变后的特枯洪水位事件发生次数显著上升，水位过程全部划入特枯水位事件和枯水位事件的模式，表明杨柳潭站在突变后水位变低，环境流量组成有单一化趋势，不利于当地水生态的健康可持续发展。高水位脉冲历时有所增

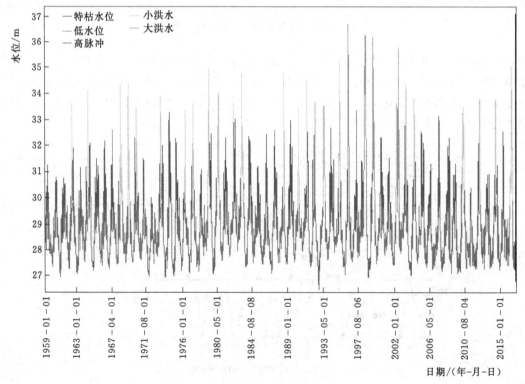

日期/（年-月-日）

图 5.5.5　杨柳潭站不同水位事件分布

加，次数却减少，说明高水位脉冲事件发生频率降低，但持续时间却减少，这对当地鱼类种群繁殖会造成一定冲击。这一变化主要是长江中上游建立的蓄洪截留工程过多，导致杨柳潭站流量减少水位降低，使得特枯水位事件发生次数在突变后增多。

从环境流量指标的均值来看，大洪水事件的变化最大，在突变后该事件完全消失；特枯水位事件变化也较大，其量值、历时变化不大，但发生次数和发生时间变化显著；枯水事件变化较小，与突变前的枯水位相差不大；高水位脉冲事件量值基本不变，平均历时略有延长，极大值出现时间也向后推迟十几天，上升率和下降率都有所降低；小洪水事件发生次数和量值都基本不变，平均历时有所延长，发生时间推后几天，上升率略有降低。受影响较大的环境流量指标包括小洪水事件的上升率，特枯水位事件的极小值出现时间、极大值出现次数，受影响较大的是特枯水位事件和大洪水事件（图5.5.6）。

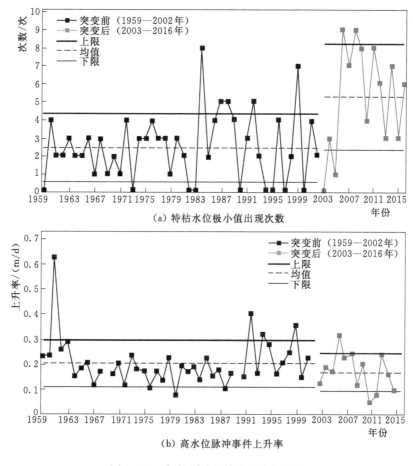

（a）特枯水位极小值出现次数

（b）高水位脉冲事件上升率

图 5.5.6 杨柳潭站环境流量指标变化

5.6 小 结

本部分给出了环境流量的界定及研究方法，以洞庭湖流域为研究对象，分析了荆江三口、四水和洞庭湖湖区环境流量组成的变化，计算了各水文站环境流量指标在人类活动干扰前后的变化。

（1）受到人类活动影响后，洞庭湖流域特枯流量和大洪水时间基本消失，枯水流量和高脉冲流量事件趋于增加，且更为集中化。

（2）人类活动对洞庭湖流域各月枯水流量事件和特枯流量事件影响较为显著；特枯流量事件的平均历时延长，高流量脉冲和大洪水事件的平均历时则缩短；特枯流量和高流量脉冲事件的出现时间延迟。

（3）洞庭湖流域受影响较大的环境流量指标涉及枯水流量、特枯流量事件的出现次数和出现时间以及小洪水极大值出现次数等。

根据环境流量组成及其指标变化程度，可知人类活动尤其是水电工程在一定程度上改变了对洞庭湖流域环境流量特征指标。

第6章 洞庭湖流域生态需水评估

6.1 河湖生态保护目标

6.1.1 河流生态需水保护目标

生态需水量指在特定时间和空间条件下，为满足生态系统诸项功能所需水量的总称。河流生态需水主要包含两个特性：一个是受到河流生态水文过程的制约，表现出随时间和空间变化的动态特征；另一个是生态需水具有协调各项生态系统基本功能的内涵，表现出在特定时空单元内最大限度地满足河湖主要功能的优先选择性，即阈值性。[70]因此，生态需水在确定其合理阈值的同时，还需要体现天然径流的变化特征，从而满足河流不同区段在不同时段的特定生态功能需求。

由于水体在生态系统中具有多种多样的功能，所以在规定生态系统某一功能时，都应与相应的生态目标相结合。规定的功能不同，相应的生态目标则不同，生态需水量也不同。在确定生态需水量之前，首先要确定生态系统的管理目标。生态需水目标设定主要考虑河道内生态系统，特别是水生生物的需水要求，各种生物群落的需水要求可能不尽相同。因此，需要对研究河流中的典型水生物种进行分析，选择对流量变化最敏感的物种，它能反映出河流生态系统中其他物种集合的变化特征；或者选择能够代表河道内生态流量评价主要管理者利益的物种。

鱼类是水生态系统中的顶级群落，对环境变化最为敏感，对其他类群的存在和丰度有着重要作用。鱼类对生存空间（如水深、流速等）最为敏感。例如，鱼类具有在水流中对流向和流速行为的反映特征，即趋流性，并以感觉流速、喜爱流速和极限流速为指标。感觉流速是指鱼类对流速可能产生反应的最小流速值。喜爱流速是指鱼类所能适应的多种流速值中最为适宜的流速范围。极限流速指鱼类所能适应的最大流速值。各种鱼类的感觉流速大致相同，但极限流速差别很大。无论是极限流速还是喜爱流速，都是随着体积的增大而加速。河流生态需水针对不同的生态目标设定了不同的需水量阈值，具体包括基本生态需水量和适宜生态需水量。

6.1.1.1 河道基本生态需水

河流基本生态需水量指维持现有河道生态系统不再恶化，保障河道天然关键物种不消亡，从而保证河道生态系统基本功能不严重退化，必须在河道中常年流动着的最小临界水量。河流基本生态需水量随河流自身特性、河段位置和时段范围变化，具有时空动态变化的特征，所以必须同时考虑其总水量和径流过程。结合河流生态需水目标的划定，河道基本生态需水的生态功能目标定义为：①一般时期首先必须保证河段不断流，并为关键物种如鱼类提供最小的生存和活动空间，从而防止河道生态系统发生毁灭性的破坏；②水生生物繁殖、发育等关键生命阶段须满足其产卵、洄游对生境条件的最低需求。

6.1.1.2　河道适宜生态需水

　　适宜生态流量指满足河流生态系统的生物多样性及其良好生存条件，维持河流生态系统结构稳定和动态平衡所需的水量阈值。适宜生态流量考虑目标为水生生物，主要包括鱼类生存、繁衍对水域水温、水利特性的要求，从而能够在不同生命阶段内获得满足其需求的适宜栖息场所。同时，假设流量与鱼类栖息地的有效性有直接联系，鱼类得到满足其需求的适宜栖息地场所，河流生态系统中的其他物种栖息地也得到足够的保护。因此，维持主要河流生态系统的完整性，可以体现在满足鱼类产卵、繁殖等关键生命阶段对适宜栖息地需求上。

6.1.2　湖泊生态水位保护目标

　　水位是湖泊主要生态因子之一，应保持在一个合理的范围内。其上限是湖泊最大生态水位，超过此值湖泊将水漫堤岸，由此可能发生洪涝灾害，严重威胁周边地区生命财产安全；同时也会影响湖泊生态系统的健康发展，如湖泊在最大水位运行期间在一定程度上因植物根系缺氧、窒息、烂根等而影响它们的生长发育。下限是湖泊最小生态水位，低于此值湖泊生态系统结构与功能将会受到一定程度的损害。所以，只有保持湖泊水位处于最合适范围内，才能保证生物有最优的生长条件，以维持湖泊系统的动态平衡。[71-74]

　　在天然状况下，入湖、出湖水量的年内、年际变化将导致湖泊水位和水面面积的相应变化。一般将常年有水覆盖的部分称为湖泊的核心区，季节性存水的区域称为活动区。由于活动区和核心区水分条件的差异，湖泊植物形成了圈层结构，通常呈现 4 个环湖带。由沿岸向湖心依次为湿生植物带、挺水植物带、浮水植物带和沉水植物带。核心区是鱼类常年栖息地，汛期时水位升高，水面增加，活动区开始被淹没，鱼类从核心区向活动区扩散。此时，活动区成为鱼类新的栖息地，其中的植物群落为鱼类提供了丰富的食物，鱼类群落得以扩大，当枯水期到来时，水位降低，水面变小，活动区露出水面，鱼类重返核心区，此时核心区成为鱼类的避难所，使得鱼类群落得以存活。已有研究表明，湖泊中鱼类生存所需的最小水深为 1.0m。

　　洞庭湖流域诸湖是我国重要的鸟类栖息地，分布有大鸨、白鹤、黑鹳和丹顶鹤等几百种国家重点保护鸟类，因此，生态需水也必须充分考虑鸟类的要求。作为湿地生态系统中的高级动物，鸟类的生存条件要求较高，一方面必须要有充足的食物（主要是鱼类和底栖动物），另一方面必须要有其栖息和繁殖的空间（即岸边植物群落和挺水植物群落）。鸟类在整个湖泊中随着湖泊水面面积的变化改变着其他的栖息地。核心区为在水边和水中生活的鸟类提供了基本的生存空间。活动区的挺水植物可以为鸟类提供良好的栖息地、筑巢、产卵处及育雏场所。

6.1.2.1　湖泊最低生态需水

　　湖泊最低生态水位定义为维持湖泊生态系统正常运行，防止继续恶化所需要的最低水位，是生态系统可以存在和恢复的极限水位。在此水位以下必须实施生态补水，以维持湖泊的生态功能。最低生态水位保护目标为水生动植物（不包括珍稀鸟类种群）能够生存，并维持其不消亡所需要的最小种群（或群落）数量。

最小生态水位主要指考虑防止生物生态系统进一步衰退的水位，保护湖泊核心区的水位，以及保护鱼类的最小生活空间。核心区是鱼类受水分减少的胁迫时可以躲避的地方，是鱼类的避难场所，为鱼类和鸟类提供了基本的空间，也是沉水植物的栖息地，为植物群落的稳定提供基本条件。

6.1.2.2 湖泊适宜生态需水

适宜生态水位指维持湖泊湿地生态系统完整性所需要的最低水位。在适宜水位之上，湖泊能够维持生态系统的自稳定，充分发挥其生态功能。适宜生态水位在最低生态水位的基础上强调生态系统的完整性，比最低生态水位有更高的要求，包括满足活动区湿地的水文要求、通过保护水生挺水植物和浮游动物以及鱼类的基础上，更进一步强调鸟类的保护，满足湖泊、湿地生态系统整个生物链对水量的需求。

6.2 河湖生态需水计算方法

目前，全球进行河道生态需水量计算所用的方法超过 200 种，大致可以分为四类，即以历史水文数据为基础的水文学法（Tennant 法等）、基于河道断面水力参数的水力学法（湿周法等）、基于生境适宜性分析的栖息地模拟法（IFIM 法等）以及基于河流系统整体性理论的综合法（BBM 法等）。从方法发展来看，水文学法提出较早，至今虽然已经得到充分发展，但该法具有其他方法不可替代的优点，而且水文分析是河道生态环境需水研究的一个基本手段，所以在未来研究中水文学法将同样发挥作用，其方法将不断得到完善，以保证河道生态环境需水计算更加精确。水力学法是向生境模拟法的过渡方法，目前更多是作为理论方法进行讨论，应用越来越少，其未来价值体现在为其他方法（如综合研究方法）提供水力学依据。栖息地模拟法和综合法已经成为国外研究的重点方法，其未来发展将是在模拟中考虑生物种群和生物量的变化，将生境模型和生物模型相结合，生境模型在空间上将向二维和三维模拟方法发展。但是，目前关于河流水文特征与生物种群之间的响应机理还不够明确，且方法本身对资料、人力、物力等的投入要求较高，现阶段在我国生态环境研究中还应用不多。

根据对湖南省河湖生态问题及生态需水特点的分析，在总结国内外相关成果基础上，充分考虑河流生态系统对水量的时空需求特性，提出了以水文学方法为主的河道基本生态需水量计算方法——年内展布计算方法，并根据历史资料和野外调查，选取重要水域中具有生态指示意义的重要物种及确定其天然生活场所，展开实地调查和室内试验，确定重要物种在不同生命阶段各生境因子的适宜范围及其相互之间的关联，采用生境模拟法（IFIM/PHABSIM 法）进行适宜生态需水量的测算。

6.2.1 河流生态需水计算方法

6.2.1.1 河道基本生态需水量的年内展布计算方法

目前，我国有关河流水生生态研究资料积累还较少，而水文学法不需要水生生物的具体生境资料，因而在确定流域尺度的生态需水量时，水文学法成为较多应用中推荐采用的方法之一。结合我国河流的实际情况，国内学者提出了一些新的水文学法，如改进的 7Q10 法、河流基本生态环境需水量法、月（年）保证率法以及逐月最小生态径流计算法和逐月频率计算法等。这些方法主要根据预先确定的简单水文指标对河流径流量进行设定，如多年平均径流量的百分率或者天然径流量频率曲线上的保证率。水文指标及其标准的设定具有较大的经验性和主观性，无法体现出河流自身的水文过程特征，往往忽视生态水文过程及其对径流年内需求的差异。为了弥补现有水文学方法中无法体现出河流自身的水文过程特征，当前的研究多基于平均流量而未考虑年内分配过程的不足。本研究着重考虑河流生态水文过程对径流的年内动态需求，提出了一种同时考虑河流天然径流年内变化特征和维持河流基本生态功能所需径流条件的生态需水年内展布计算法。[75]

（1）基本原理。自然条件下，河流水文过程具有周期性变化规律，并伴随着相应的生态系统响应与特定的生态作用。河流水生生物的完整生命过程及群落结构特征也已适应河流的天然水文过程，生态系统处于一种自我调节和自我控制的健康生命环境中。由此可知，天然最小月均径流能够满足河流基本生态环境功能、水生生物生存及群落结构对水量的基本需求，生态系统不会遭到严重的不可恢复的破坏。然而，由各月最小月均径流量构成的年内过程不能很好地反映出河流的水文特征。河流多年月均径流过程能够更好地反映出河流历史径流的总体过程及其变化特征，如幅度、时间、持续时间及变化率等。同时，不同河流甚至相同河流的不同河段，由于气候、下垫面、人类活动影响程度以及水生生物在不同生命阶段对河道径流需求的差异，造成了河道生态需水年内变化的差异。因此，本研究认为河道生态需水计算方法应该基于河流天然径流过程的自身特征来确定与量化水文指标，并结合多年条件下的同期平均径流进行生态需水量计算，即基于长时间序列的天然月均径流资料，选取多年年均径流量与年内各月最小月均径流量的年均值（简称为最小年均径流量）这两个典型的水文特征变量进行确定与量化关键水文指标——同期均值比，并结合典型年径流量过程或多年平均径流量过程进行河道内生态标准流量的年内过程计算。最后，根据河道生态系统在不同时期的生态需求，按照一般用水期与鱼类产卵育幼期分别做坦化处理（取各阶段平均值）。

（2）计算步骤。首先，根据水文断面长时间序列的天然月均径流资料，分别计算多年平均径流量 $\overline{Q}$ 和最小年均径流量 $\overline{Q}_{\min}$，计算公式分别为

$$\overline{Q} = \frac{1}{12} \sum_{i=1}^{12} \overline{q_i} \tag{6.2.1}$$

$$\overline{Q}_{\min} = \frac{1}{12} \sum_{i=1}^{12} q_{\min(i)} \tag{6.2.2}$$

其中

$$\overline{q_i} = \frac{1}{n} \sum_{j=1}^{n} q_{ij}$$

$$q_{\min(i)} = \min(q_{ij}), \quad j = 1, 2, \cdots, n$$

式中：$\overline{q_i}$ 为第 i 个月的多年月均径流量，m^3/s；$q_{\min(i)}$ 为第 i 个月的多年最小月均流量，m^3/s；q_{ij} 为第 j 年第 i 个月的月均径流量，m^3/s；n 为统计年数。

其次，利用多年年均径流量 $\overline{Q}$ 和最小年均径流量 $\overline{Q}_{\min}$，计算各水文断面的同期均值比

η，即

$$\eta = \frac{\overline{Q}_{\min}}{\overline{Q}} \tag{6.2.3}$$

然后，分析近 50 年的河道天然径流过程，利用历时流量资料构建多年月平均径流的年内过程，结合同比缩放原理进行河道生态标准流量计算，即

$$Q_i = \overline{q_i} \eta \tag{6.2.4}$$

最后，根据河道生态系统在不同时期的生态目标，参照传统蒙大拿法对河道生态系统年内不同时期进行划分，将河道基本生态需水量在年内划分为两个不同的需水时段，即一般用水期与鱼类产卵育幼期，并将河道生态标准流量的年内过程分别对上述两个时期过程做坦化处理（分别平均），可最终得到各控制断面的基本生态需水量年内过程。

生态需水年内展布计算法基于河流天然径流过程，选取多年年均径流量与最小年均径流量这两个水文特征变量进行同期均值比的计算，弥补了传统水文学法以多年平均径流量的特定百分率或者天然径流量频率曲线上的特定保证率作为水文指标的经验性与主观性，同期均值比更具有区域的代表性和普遍的适用性。该方法的另一个优点在于以多年月均径流过程为基准进行河道生态标准流量的年内过程计算，再分别对一般用水期（10 月至次年 3 月）与鱼类产卵育幼期（4—9 月）过程做坦化处理，使计算过程在保留河流天然径流的丰枯变化特征的同时，更好地将河道生态需水量与河流生态系统不同时期的生态需求相结合。

（3）验证合理性。根据河段生态需水量的生物保护目标，在年内展布计算法的计算结果上，通过分析已有的生态资料，根据生态系统控制目标的水力要求对重要断面进行河道水力学计算。验证过程主要根据河湖生态系统各类组成生物，特别是重点保护的关键物种对流速、水深等要求，结合河道的断面、糙率、坡度等地理条件，应用水力学关系计算出流量、水位等要素。代表方法有刘昌明等[55]在南水北调西线一期工程为计算河道内生态需水而提出的水力半径法等。在缺乏生态资料的地区也可采用只考虑河道生态要素的湿周法、R2 - CROSS 法，以及徐志侠[47]基于河流水文、地形和生物子系统提出计算生态需水的生物空间最小需求法等作为替代。

通过比较水力学法和水文学法结果，取上包络线作为满足自然禀赋和生物需求的生态需水推荐值。但目前我国需水流域并不具备足够的生态资料和河道地理资料，因此可选择个别具备计算条件的关键控制断面作校核计算。如果水文学方法的结果不满足关键物种需水的水力要求，则要对同一河段的其他断面进行同比放大。

6.2.1.2 河道适宜生态需水计算方法

河道内生态流量是指维持河流生态系统健康可持续发展所需的流量，其中河流生态系统健康即河流生态系统完整性和生物多样性。河道内生态流量不是一个定值，而是一个过程，包括河流水流情势的主要特征，它是河流生态系统得以维持的重要外界条件。根据河流健康理论，河流系统具有自然和社会经济功能，而河道内生态流量研究则未考虑河流的社会经济系统影响，只从河流生态系统自身的结构和功能来考虑，体现了河流生态系统所固有的特性。

为便于理解，可以将河道内生态流量分为最小生态流量、适宜生态流量和最大生态流量，该分类是以河流水生物耐受性定律和河道内生态流量定义为基础，河道内生态流量与生物响应关系如图 6.2.1 所示。

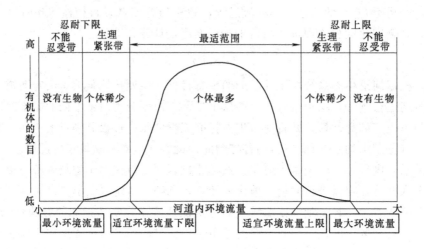

图 6.2.1　河道内生态流量与生物响应关系

由河道内生态流量与生物生理响应关系可以看出，当河道内流量低于最小生态流量时，河流生态系统被严重破坏，生物生存受到严重威胁；当流量低于适宜生态流量，而高于最小生态流量时，河流中水生生物生存受到胁迫，生物多样化以及生物数量降低；当流量在适宜生态流量范围内时，河流水生生物数量最多，生态系统最稳定；当流量超过适宜生态流量上限却小于最大生态流量时，生物数量又开始减少，生态系统稳定性开始受到破坏；当流量超过最大生态流量时，生态系统受到严重破坏，生物生存受到严重威胁。因此，维持河道内生态流量是维持河流生态系统完整性和生物多样性的基础。

河道最小生态流量指为维持河流生态系统健康所允许的最小流量，该流量过程是要保证水生生物的最低生存条件，也是天然状况下水生生物所能忍受的干旱极限程度，在极限水文状况下，河流生态系统是可以恢复的，当河流的流量小于最小生态流量时，会导致物种消失，种群结构发生改变，生态系统可能不会恢复。

适宜生态流量指维持河流系统健康及生物多样性的最适宜流量过程，适宜生态流量具有上下限，当流量过程在此范围内时，河流生态系统是健康、稳定的。

最大生态流量是维持河流生态系统稳定和健康的最大流量过程，当河流流量超过此过程时，将对河流生态系统结构造成重大的影响，同样会导致某些物种消失造成不可恢复的生态灾害，在小概率洪水条件下，发生破坏性极大的洪水灾害，河流生态系统的空间结构会发生重大变化。

鉴于河道适宜生态流量具有上下限，本书提出采用基于 IHA - RVA 法的河道适宜生态需水量计算方法，其原理是认为河流适宜生态流量变动范围应超过天然可变范围（即 RVA 阈值），这样才能维持河流健康生态系统。RVA 阈值描述流量过程线的可变范围，也即天然生态系统可以承受的变化范围，这为估算河流生态流量系统提供了参考依据。通常，以各指标的平均值±δ（标准差）或者以频率为 75％和 25％作为各个指标的上下限，称为 RVA 阈值，研究以 RVA 下限流量作为适宜生态流量下限。

基于长时间序列的天然月均流量资料，选取多年年均径流量和 RVA 下限流量的年均值（适宜生态流量下限）这两个典型的水文特征变量确定量化关键水文指标——同期均值比，并结合典型年径流量过程或多年平均径流量过程进行河道内生态标准流量的年内过程计算。计算步骤与 6.2.1 小节中河道基本生态需水量的年内展布计算类似。

首先，根据水文断面长时间序列的天然月均径流资料，分别计算多年平均径流量 $\overline{Q}$ 和适宜年均径流量 $\overline{Q}_{\mathrm{opt}}$，计算公式分别为

$$\overline{Q} = \frac{1}{12}\sum_{i=1}^{12}\overline{q_i} \tag{6.2.5}$$

$$\overline{Q}_{\mathrm{opt}} = \frac{1}{12}\sum_{i=1}^{12}\overline{q}_{\mathrm{opt}(i)} \tag{6.2.6}$$

其中

$$\overline{q_i} = \frac{1}{n}\sum_{j=1}^{n}q_{ij}$$

$$q_{\mathrm{opt}(i)} = \mathrm{opt}(q_{ij}) \quad j = 1, 2, \cdots, n$$

式中：$\overline{q_i}$ 为第 i 个月的多年月均径流量，m^3/s；$q_{\mathrm{opt}(i)}$ 为第 i 个月的多年适宜月均流量，m^3/s；q_{ij} 为第 j 年第 i 个月的月均径流量，m^3/s；n 为统计年数。

其次，利用多年年均径流量 $\overline{Q}$ 和适宜年均径流量 $\overline{Q}_{\mathrm{opt}}$，计算各水文断面的同期均值比 η，即

$$\eta = \frac{\overline{Q}_{\mathrm{opt}}}{\overline{Q}} \tag{6.2.7}$$

然后，分析近年的河道天然径流过程，利用历时流量资料构建多年月平均径流的年内过程，结合同比缩放原理进行河道生态标准流量计算，即

$$Q_i = \overline{q_i}\eta \tag{6.2.8}$$

最后，根据河道生态系统在不同时期的生态目标，参照传统蒙大拿法对河道生态系统年内不同时期的划分，将河道基本生态需水量在年内划分为两个不同的需水时段，即一般用水期与鱼类产卵育幼期，并将河道生态标准流量的年内过程分别对上述两个时期过程做坦化处理（分别平均），可最终得到各控制断面的基本生态需水量年内过程。

6.2.2 湖泊生态水位计算方法

6.2.2.1 天然水位资料法

在天然情况下，湖泊水位具有年际和年内的变化，对生态系统产生扰动干扰。这种扰动往往比较剧烈，然而在长期的生态演变中，湖泊生态系统已适应了这样的扰动。天然情况下的低水位对生态系统的干扰在生态系统的弹性范围内。因此，可以将天然情况下的湖泊多年最低水位作为最低生态水位。此方法需要确定统计的水位资料系列长度和最低水位

种类。最低水位可以是瞬时最低水位、日均最低水位及月均最低水位等。

由于此水位是湖泊生态系统已经适应了的最低水位，其相应的水面积和水深是湖泊生态系统已经适应了的最小空间。此最低生态水位的设定可以防止在人为活动影响下由于湖泊水位过低造成的天然生态系统的严重退化的问题，同时允许湖泊水位一定程度的降低，以满足社会经济用水。最低生态水位是在短时间内维持的水位，不能将湖泊水位长时间保持在最低生态水位。湖泊最低生态水位表达式为

$$Z_{emin} = \min(Z_{min1}, Z_{min2}, \cdots, Z_{mini}, \cdots, Z_{minn}) \qquad (6.2.9)$$

式中：Z_{emin} 为湖泊最低生态水位，m；min 为取最小值的函数；Z_{mini} 为第 i 年最小日均水位，m；n 为统计的天然水位资料系列长度。

统计系列长度不少于 20 年。

该方法属于水文学法，为经验公式法，用在对计算结果精度要求不高，湖泊天然逐日水位历史资料不短于 20 年的湖泊；或者作为其他方法的一种粗略检验。

该方法的优点是比较简单，不需要进行现场测量，容易操作，计算需要的数据较容易获得。缺点是对湖泊实际情况做了过分简化的处理，没有直接考虑生物需求和生物间的相互影响。

6.2.2.2　湖泊形态分析法

湖泊生态系统由水文、地形、生物、水质和连通性五部分组成。它们各自的功能和相互间的作用决定了湖泊生态系统的功能。其中，水文是主动的和起主导作用的部分，而地形为湖泊存在提供了支撑，还为水文循环提供了舞台，同时又对水文循环产生着制约作用。水与湖床构成的空间是生物赖以生存的栖息地，是生物生存的最基本条件。因此，水文和湖泊地形构成了湖泊最基础的部分。要维持湖泊自身的基本功能，必须使水文和湖泊子系统的特征维持在一定的水平。为此，用湖泊水位作为湖泊水文和地形子系统特征的指标，用湖面面积作为湖泊功能指标，从湖泊水文、地形及其相互作用方面研究维持湖泊生态系统自身基本功能不严重退化所需要的最低生态水位。基于此，湖泊最低生态水位定义为：维持湖泊水文和地形子系统功能不出现严重退化所需要的最低水位。

随着湖泊水位的降低，湖泊水面面积随之减少。由于湖泊水位和面积之间为非线性关系。当水位不同时，湖泊水位每减少一个单位，湖面面积的减少量是不同的。根据实测湖泊水位和湖泊面积资料，建立湖泊水位和湖泊面积之间的关系线。湖面面积变化率为湖泊面积与水位关系函数的一阶导数。对于此关系曲线，湖面面积变化率存在一个最大值，此最大值意义是：最大值相应湖泊水位向下，湖泊水位每降低一个单位，湖泊水面面积的减少量将显著增加。即在此最大值向下，水位每降低一个单位，湖泊功能的减少量将显著增加。若此最大值相应的水位在湖泊天然最低水位附近，表明该水位以下区域为湖泊核心区，如果核心区的面积无法保证，湖泊水文和地形子系统功能将出现严重退化而不可恢复。因此，此最大值相应水位可作为保护湖泊核心区的最低生态水位。

湖泊最低生态水位表达式为

$$F = f(Z) \qquad (6.2.10)$$

$$\frac{\partial^2 F}{\partial Z^2} = 0 \qquad (6.2.11)$$

$$(Z_{\min} - a_1) \leqslant Z \leqslant (Z_{\min} + b_1) \qquad (6.2.12)$$

式中：F 为湖泊水面面积，m^2；Z 为湖泊水位，m；$Z_{\min}$ 为湖泊天然状况下多年最低水位，m；a_1 和 b_1 分别为和湖泊水位变幅相比较小的一个正数，m。

联合求解式（6.2.10）、式（6.2.11）和式（6.2.12）即可得到湖泊最低生态水位。

该方法属于水力学法，为半经验方法，对其机理的研究很粗略，可用于对生态系统资料掌握不充分、对生态需水计算结果精度要求不高且缺乏天然历史水位资料、生物资料的湖泊。

湖泊形态分析法的优点是只需要湖泊水位、水面面积关系资料，不需要详细的物种和生境关系数据，数据相对容易获得。缺点是体现不出季节变化因素，但它能为其他方法提供水力学依据，所以可与其他方法结合使用。

6.2.2.3 生物空间最小需求法

生物空间最小需求法利用湖泊各类生物对生存空间的需求来确定最低生态水位。湖泊水位和湖泊生存空间是一一对应的，故可用湖泊水位作为湖泊生物生存空间的指标。湖泊生物主要包括藻类、浮游植物、浮游动物、水生植物、底栖动物和鱼类等。研究中全部确定每类生物最低生态水位需要耗费大量的人力和物力，在现阶段并不现实。因此，需要根据湖泊的实际情况确定指示生物，并假设指示生物的生存空间得到满足，其他生物的最小生态空间也得到满足。

鱼类在水生态系统中位置独特。一般情况下，鱼类是水生态系统中的顶级群落，对其他类群的存在和丰度有着重要影响，加之鱼类对低水位最为敏感，而且渔业已经成为流域湖泊的主要经济产业，故可将鱼类作为湖泊水生态系统的指示物种。此外，鸟类是湖泊湿地生态系统中重要的生物，在洞庭湖水域主要湖泊自然保护区具有多种国家级保护鸟类，也可以作为湖泊湿地生态系统的指示物种。

湖泊最低生态水位计算公式为

$$Z_{\text{emin}_{鱼}} = Z_0 + h_{鱼} \qquad (6.2.13)$$

式中：Z_0 为湖底高程，m；h 为鱼类生存所需的最小水深，m。

该方法属于栖息地定额法的一种，为半经验方法，对生态系统机理的研究很粗略，可用于那些对生态系统缺乏了解，并且对生态需水计算结果精度要求不高且具备掌握了计算湖泊鱼类生存所需最小水深、湖底高程资料的湖泊。

最小生物空间法的优点是只需要湖泊鱼类生存所需最小水深、湖底高程，计算简单，便于操作。其缺点是体现不出季节变化因素，生物学依据不够可靠。

6.2.3 河湖生态需水满足度计算

根据最小和适宜生态流量，进行河湖生态需水满足度计算。生态需水满足度即计算时段内，河流流量能够满足生态环境需水的天数与总天数的比值。该值越大，表明该时段流量能够满足河流的生态环境需水要求，生态满足度越高，河流生态系统越健康。[75]

生态需水满足度的公式为

$$\alpha_{ij}=\frac{D_{ij}}{D}=\frac{\sum \text{sgn}(Q_{ijk}-Q_j)}{D} \tag{6.2.14}$$

式中：a_{ij} 为第 i 年第 j 月的生态需水满足度；D_{ij} 为第 i 年第 j 月生态环境需水的满足天数；D 为第 i 年第 j 月的总天数。

其中：

$$\text{sgn}(Q_{ijk}-Q_j)=\begin{cases} 1,Q_{ijk}>Q_j \\ 0,Q_{ijk}<Q_j \end{cases} \tag{6.2.15}$$

式中：Q_{ijk} 为第 i 年第 j 月第 k 日的河道日流量，m^3/s；Q_j 为第 i 年第 j 月的生态环境需水，m^3/s。

6.3　洞庭湖流域生态需水量计算分析

基于湖南省主要水域水生态保护目标的调查及保护目标生境阈值分析，通过应用年内展布计算方法计算河流基本生态需水量，采用 IHA - RVA 法计算河道适宜生态需水，根据洞庭湖流域水文现状和历史进行生态需水保障程度分析。

6.3.1　主要河流生态流量计算

根据河流生态需水量计算方法，选择荆江三口水系的虎渡口、藕池口和松滋口的典型水文断面 1955—1980 年近天然月均流量资料以及湘、资、沅、澧四水水系的湘潭、桃江、桃源和石门典型水文断面 1959—1990 年的近天然日流量资料，通过生态流量年内展布法计算河道基本和适宜生态流量，并以 Tennant 法进行验证。

选取多年年均流量与年内各月最小月均流量和适宜年均流量的年均值取同期均值比，计算各水文断面的同期均值比（表 6.3.1），并以多年月均流量过程为基准进行河道生态

表 6.3.1　　　　　　　　　河流控制站关键水文指标计算同期均值比

断面名称		最小年均流量 /(m³/s)	适宜年均流量 /(m³/s)	多年平均流量 /(m³/s)	同期均值比/%	
					最小	适宜
三口	虎渡口	264.3	409.5	595.4	44.4	68.8
	藕池口	241.3	613.2	1468.8	16.4	41.7
	松滋口	680	1017.2	1450.6	46.9	70.1
四水	湘潭	639.6	983.4	1987.1	32.2	49.5
	桃江	244.2	378.4	694.7	35.2	54.5
	桃源	637.2	1082	1985.7	32.1	54.5
	石门	132.8	191.7	470.3	28.2	40.8

基流年内过程计算（表 6.3.2），可得到各控制断面基本生态需水量年内径流过程，计算结果见表 6.3.3。图 6.3.1 和图 6.3.2 所示为荆江三口和四水生态流量过程。

表 6.3.2　　　　　　　　　　河流控制站多年天然月均径流过程　　　　　　　　单位：m³/s

断面		1月	2月	3月	4月	5月	6月	7月	8月	9月	10月	11月	12月	年均
三口	虎渡口	19.7	8.8	30.1	146.5	495.1	910.7	1535.1	1419.6	1290.8	858.8	343.3	85.1	595.3
	藕池口	11.2	2.8	24.1	139.1	818.2	1956.8	4597.2	4068.2	3510.8	1897.4	509.9	89.6	1468.8
	松滋口	56.9	33.3	82.2	340.1	1116.7	2114.1	3812.4	3495.2	3186.5	2126.7	832.1	210.8	1450.6
四水	湘潭	811.7	1347.9	2090.9	3781.6	4345.4	3876.3	2061	1481.5	1193.8	952.3	1083.6	819.5	1987.1
	桃江	329.8	464.8	708.6	1100.7	1367.8	1232.6	848.3	611.1	446.5	368	494.7	363.6	694.7
	桃源	581.7	830.9	1259.6	2790.7	4083.3	4405.3	3211	1915.4	1490.3	1220.1	1328.5	711.5	1985.7
	石门	98.3	141.7	357.6	604.3	862.3	945.4	900.1	520.3	389.9	366	310.4	147.4	470.3

表 6.3.3　　　　　　　　　　河流基本和适宜生态流量　　　　　　　　单位：m³/s

断面名称		分类	1月	2月	3月	4月	5月	6月	7月	8月	9月	10月	11月	12月	年均
三口	虎渡口	最小	8.7	3.9	13.4	65.1	219.8	404.4	681.6	630.3	573.1	381.3	152.4	37.8	264.3
		适宜	13.6	6.1	20.7	100.8	340.6	626.6	1056.1	976.7	888.1	590.9	236.2	58.5	409.6
	藕池口	最小	1.8	0.5	4.0	22.8	134.2	320.9	753.9	667.2	575.8	311.2	83.6	14.7	241.3
		适宜	4.7	1.2	10.0	58.0	341.2	816.0	1917.0	1696.4	1464.0	791.2	212.6	37.4	612.5
	松滋口	最小	26.7	15.6	38.6	159.5	523.7	991.5	1788.0	1639.2	1494.5	997.4	390.3	98.9	680.0
		适宜	39.9	23.3	57.6	238.4	782.8	1482.0	2672.5	2450.1	2233.7	1490.8	583.8	147.8	1016.9
四水	湘潭	最小	261.3	433.8	673.0	1217.2	1398.7	1247.7	663.4	476.9	384.2	306.5	348.8	263.8	639.6
		适宜	401.8	667.2	1035.0	1871.9	2151.0	1918.8	1020.2	733.3	590.9	471.4	536.4	405.7	983.6
	桃江	最小	115.9	163.4	249.1	386.4	480.5	433.2	298.2	214.7	156.9	129.3	173.8	127.8	244.2
		适宜	179.7	253.3	386.2	599.9	745.5	671.6	462.3	333.0	243.3	200.6	269.6	198.2	378.6
	桃源	最小	186.6	266.6	404.2	895.5	1310.3	1413.6	1030.4	614.6	478.2	391.5	426.3	228.3	637.2
		适宜	317.0	452.8	686.5	1520.9	2225.4	2400.9	1750.0	1043.9	812.2	665.0	724.0	387.8	1082.2
	石门	最小	27.7	40.0	100.9	170.6	243.4	266.9	254.1	146.9	110.1	103.3	87.6	41.6	132.8
		适宜	40.1	57.8	145.9	246.6	351.8	385.7	367.2	212.3	159.1	149.3	126.6	60.1	191.9

为确定研究成果的合理性，采用 Tennant 法评价标准进行对比分析。Tennant 法也称为 Montana 法，是以年平均流量的百分比作为基流量。结果表明，多年平均流量的10%是保持河流生态系统健康的最小流量，多年平均流量的40%能为大多数水生生物提供较好的栖息条件，其中表 6.3.4 为 Tennant 法推荐生态流量标准，评价结果见表 6.3.5。

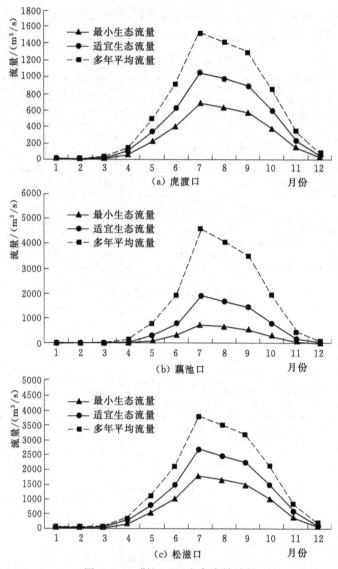

图 6.3.1 荆江三口生态流量过程

表 6.3.4   **Tennant 法推荐生态流量标准**   %

流量定型描述	推荐基流标准（平均流量百分数）	
	一般用水期（10月至次年3月）	鱼类产卵育幼期（4—9月）
最大	200	200
最佳范围	60~100	60~100
很好	40	60
好	30	50
较好	20	40
一般或较差	10	30
差或最小	10	10
严重退化	<10	<10

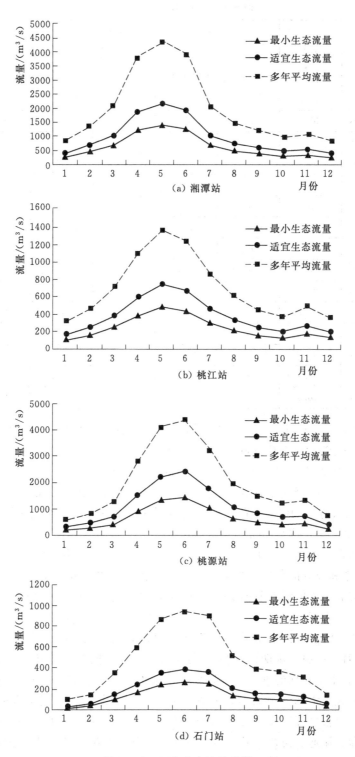

图 6.3.2 四水生态流量过程

表 6.3.5　　　　　　　　　　　　　　河流生态流量 Tennant 法评价

断面名称		分类	多年平均流量/(m³/s)	鱼类产卵期（4—9月）		一般用水期（10月至次年3月）		Tennant 法评价	
				生态流量/(m³/s)	同期均值比/%	生态流量/(m³/s)	同期均值比/%	鱼类产卵期（4—9月）	一般用水期（10月至次年3月）
三口	虎渡口	最小	595.3	429.1	72.1	99.6	16.7	最佳	一般
		适宜	595.3	664.8	111.7	154.3	25.9	最佳	较好
	藕池口	最小	1468.8	412.5	28.1	69.3	4.7	一般	差
		适宜	1468.8	1048.8	71.4	176.2	12.0	最佳	差
	松滋口	最小	1450.6	1099.4	75.8	261.3	18.0	最佳	一般
		适宜	1450.6	1643.3	113.3	390.5	26.9	最佳	较好
四水	湘潭	最小	1987.1	898.0	45.2	381.2	19.2	较好	较好
		适宜	1987.1	1381.0	69.5	586.2	29.5	最佳	好
	桃江	最小	694.7	328.5	47.3	159.9	23.0	好	较好
		适宜	694.7	509.3	73.3	247.9	35.7	最佳	好
	桃源	最小	1985.7	957.1	48.2	317.3	16.0	较好	一般
		适宜	1985.7	1625.6	81.9	538.9	27.1	最佳	较好
	石门	最小	470.3	198.7	42.2	66.9	14.2	很好	差
		适宜	470.3	287.1	61.0	96.7	20.6	最佳	较好

　　根据计算结果与 Tennant 法比较可知，荆江三口水系各水文断面的基本生态流量计算结果与 Tennant 法评价标准进行对比分析，在一般用水期（10月至次年3月）各个水文断面生态流量占多年年均水位的 4.7%～18.0%，根据 Tennant 法评价均处在差～一般的范围，此时河道径流量条件应保持一定的水深、流速、河宽，满足鱼类生存、洄游、景观一般要求，是保持绝大多数能够满足水生生物短时间生存最低的流量推荐值；适宜生态流量在一般用水期占多年平均流量的 12%～26.9%，按照 Tennant 法评价均处在较好范围。

　　在鱼类产卵育幼期（4—9月），各水文断面生态水位占多年年均径流量的 21.01%～59.65%，处于中和极好的范围，能够满足水生生物栖息和产卵、育幼等目标的流量需求。因此，利用生态需水年内展布计算法计算的生态水位与 Tennant 法设定的分期相符，能够满足河流生态目标的需求。

　　根据湘、资、沅、澧四水水系重要鱼类产卵育幼期阶段，将 Tennant 法的产卵育幼期修正为 4—9月，一般用水期修正为 10月至次年3月，根据计算结果与 Tennant 法比较可知，"四水"各水文断面的基本生态流量计算结果与修正后的 Tennant 法评价标准进行对比分析，在一般用水期（10月至次年3月）各个水文断面生态流量占多年年均水位的 17.5%～24.0%，根据 Tennant 法评价均处在中～好的范围，此时河道径流量条件仍要保持一定的水深、流速、河宽，满足鱼类生存、洄游、景观一般要求，是保持绝大多数能够满足水生生物短时间生存的流量推荐值。在鱼类产卵育幼期（4—9月），各水文断面生态水位占多年年均径流量的 49.7%～58.5%，处于好～非常好的范围，能够满足水生生物栖息和产卵、育幼等目标的流量需求。因此，利用生态需水年内展布计算法计算的生态水位与 Tennant 法设定的分期相符，能够满足河流生态目标的需求。

在《长江流域综合规划（2012—2030）》《湘、资、沅、澧流域综合规划》以及《湖南省水资源综合规划》中，在河流生态流量估算中采用了水文站点 1957—1971 年系列水文资料，采用水文学法中的 90% 保证率法和 10% 平均流量法等估算生态基流，其结果见表6.3.6。洞庭湖主要河流最小和适宜生态流量见表 6.3.7。

表 6.3.6　　　　　　　　　洞庭湖流域控制节点生态基流

河流	控制节点	年平均流量/(m³/s)	生态基流/(m³/s)	流量百分比/%
藕池河	康家岗	64.7	6.5	10.0
藕池河	管家铺	922	92.2	10.0
松滋河	沙道观	332	33.2	10.0
虎渡河	弥陀寺	492	49.2	10.0
湘水	湘潭	2060	207	10.0
资水	桃江	707	69	9.8
沅水	桃源	1990	238	12.0
澧水	石门	459	36	7.8
洞庭湖水系	城陵矶	8740	1080	12.4

表 6.3.7　　　　　　　　洞庭湖主要河流最小和适宜生态流量

断面名称		多年平均流量/(m³/s)	最小年均流量/(m³/s)	适宜年均流量/(m³/s)	同期均值比/%	
					最小	适宜
三口	虎渡口	595.4	264.3	409.5	44.4	68.8
	藕池口	1468.8	241.3	613.2	16.4	41.7
	松滋口	1450.6	680	1017.2	46.9	70.1
四水	湘潭	1987.1	639.6	983.4	32.2	49.5
	桃江	694.7	244.2	378.4	35.2	54.5
	桃源	1985.7	637.2	1082	32.1	54.5
	石门	470.3	132.8	191.7	28.2	40.8

根据对表 6.3.6 和表 6.3.7 的对比分析，计算结果较流域综合规划结果都偏大，但结果更为合理，可以作为河流推荐生态流量。

6.3.2　洞庭湖生态水位计算

最低生态水位主要考虑防止生物生态系统进一步衰退的水位，保护湖泊核心区的水位，保护湿地水文要求以及保护水生生物的最低水位。基于西毛里湖的湖泊实际情况，将湖泊生态需水划分为湖泊最低生态水位计算和湖泊适宜生态水位计算，通过天然水位资料、湖泊形态分析和生物最小生存空间确定湖泊的最低生态水位，综合这几个方面的因素选取水位的最大值作为最低生态水位。

湖泊适宜生态水位在最低生态水位的基础上强调了生态系统的完整性，在保护水生植物和水生动物的基础上，进一步强调湖泊湿地生态系统中鸟类的保护，比最低生态水位有更高的要求。基于湖泊湿地生态系统中的水生植物及水生动物以及鸟类对水位的最低要求，采用天然水位资料法和生物空间最小需求法计算湖泊适宜生态水位，取两者中的较大值作为湖泊适宜生态水位推荐值。

根据湖泊生态需水量计算方法，选取洞庭湖水系城陵矶、南咀、杨柳潭 3 个水位站的典型水文断面 1959—2002 年的近天然日水位资料，通过生态水位年内展布法计算湖泊生态水位，并以 Tennant 法进行验证，选取多年年均水位与年内各月最小和适宜月均水位的年均值取同期均值比，计算各水文断面的同期均值比结果见表 6.3.8，并以多年月均水位过程为基准（表 6.3.9），计算各控制断面基本生态需水和适宜生态需水年内径流过程，计算结果见表 6.3.10。如图 6.3.3 所示为洞庭湖湖区生态水位过程。

表 6.3.8　　　　　　　　　　　洞庭湖各水文断面的同期均值比

断 面 名 称	最小年均水位 /m	适宜年均水位 /m	多年平均水位 /m	水位同期均值比/%	
				最小	适宜
东洞庭湖（城陵矶）	21.41	23.29	24.8	86.3	93.9
西洞庭湖（南咀）	28.95	29.51	30.18	95.9	97.8
南洞庭湖（杨柳潭）	27.84	28.36	29.1	95.7	97.5

表 6.3.9　　　　　　洞庭湖各水文断面的多年天然月均水位过程　　　　　　单位：m

断面名称	1 月	2 月	3 月	4 月	5 月	6 月	7 月	8 月	9 月	10 月	11 月	12 月	年均
东洞庭湖（城陵矶）	19.96	20.02	21.14	23.41	25.93	27.57	30.22	29.08	28.36	26.68	23.92	21.27	24.8
西洞庭湖（南咀）	28.41	28.54	28.98	29.75	30.66	31.4	32.6	31.76	31.35	30.51	29.56	28.7	30.18
南洞庭湖（杨柳潭）	27.73	27.94	28.33	28.89	29.55	30.1	31.34	30.33	29.84	28.93	28.35	27.86	29.1

表 6.3.10　　　　　　洞庭湖各水文断面的最小和适宜生态水位　　　　　　单位：m

断面名称	分类	1 月	2 月	3 月	4 月	5 月	6 月	7 月	8 月	9 月	10 月	11 月	12 月	年均
东洞庭湖（城陵矶）	最小	17.23	17.27	18.24	20.20	22.38	23.80	26.08	25.10	24.47	23.02	20.64	18.36	21.41
	适宜	18.74	18.80	19.85	21.98	24.35	25.89	28.38	27.31	26.63	25.05	22.46	19.97	23.29
西洞庭湖（南咀）	最小	27.24	27.37	27.79	28.53	29.40	30.11	31.26	30.46	30.07	29.26	28.35	27.52	28.95
	适宜	27.78	27.91	28.34	29.10	29.99	30.71	31.88	31.06	30.66	29.84	28.91	28.07	29.51
南洞庭湖（杨柳潭）	最小	26.54	26.74	27.11	27.65	28.28	28.80	29.99	29.03	28.56	27.68	27.13	26.66	27.84
	适宜	27.04	27.24	27.62	28.17	28.81	29.35	30.56	29.57	29.09	28.21	27.64	27.16	28.36

为了分析本书中研究成果的合理性，采用 Tennant 法评价标准进行对比分析。Tennant 法也称为 Montana 法，是以年平均流量的百分比作为基流量。结果表明多年平均流量的 10% 是保持河流生态系统健康的最小流量，多年平均流量的 40% 能为大多数水生生

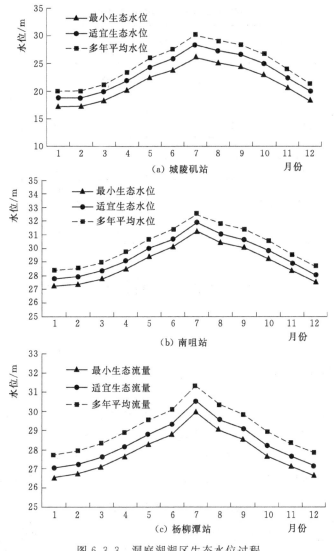

图 6.3.3　洞庭湖湖区生态水位过程

物提供较好的栖息条件，评价结果见表 6.3.11。

　　根据洞庭湖区重要鱼类产卵育幼期阶段，将 Tennant 法的产卵育幼期修正为 4—9 月，一般用水期修正为 10 月至次年 3 月，根据计算结果与 Tennant 法比较可知，洞庭湖各水文断面的基本生态水位计算结果与修正后的 Tennant 法评价标准进行对比分析，在一般用水期（10 月至次年 3 月）各个水文断面生态水位占多年年均水位的 82.83%～94.45%，根据 Tennant 法评价均处在最佳范围，此时河道径流量条件仍要保持一定的水深、流速、河宽，满足鱼类生存、洄游、景观的一般要求，是保持绝大多数能够满足水生生物短时间生存的水位推荐值。在鱼类产卵育幼期（4—9 月），各水文断面生态水位占多年年均水位的 93.2%～98.56%处于最佳范围，能够满足水生生物栖息和产卵、育幼等目标的流量需求。因此，利用生态需水年内展布计算法计算的生态水位与 Tennant 法设定的分期相符，能够满足河流生态目标的需求。

表 6.3.11　　　　　　　　　洞庭湖生态水位 Tennant 法评价

断面名称	分类	多年平均水位/m	鱼类产卵期（4—9月）		一般用水期（10月至次年3月）		Tennant 法评价标准	
			生态水位/m	同期均值比/%	生态水位/m	同期均值比/%	鱼类产卵期（4—9月）	一般用水期（10月至次年3月）
东洞庭湖（城陵矶）	最小	24.8	23.7	95.5	19.1	77.1	最佳	最佳
	适宜	24.8	25.8	103.9	20.8	83.9	最佳	最佳
西洞庭湖（南咀）	最小	30.18	30.0	99.3	27.9	92.5	最佳	最佳
	适宜	30.18	30.6	101.3	28.5	94.4	最佳	最佳
南洞庭湖（杨柳潭）	最小	29.1	28.7	98.7	27.0	92.7	最佳	最佳
	适宜	29.1	29.3	100.5	27.5	94.5	最佳	最佳

6.4　河湖生态需水保障程度分析

6.4.1　现状保障程度

6.4.1.1　荆江三口现状保障程度

根据荆江三口水系虎渡口、藕池口和松滋口 3 个控制站点 2010—2016 年间的日平均流量与计算得到的最小生态流量、适宜生态流量相比较，进行河流生态流量的现状保障程度分析，其中日保证率为断面实际日均流量高于基本和适宜生态流量的日数与评价年限内总日数的比值。而月保证率是指月份内每一天的实际日均径流量均高于基本和实际生态流量的月份数与评价年限内总月数的比值。分析计算结果见表 6.4.1 和图 6.4.1。

表 6.4.1　　　　　　　　　荆江三口现状生态水位保证率　　　　　　　　　%

时期	最小生态流量保证率			适宜生态流量保证率		
	虎渡口	藕池口	松滋口	虎渡口	藕池口	松滋口
1 月	0	0	67.3	0	0	48.85
2 月	0	0	85.9	0	0	62.12
3 月	0	0	45.6	0	0	35.48
4 月	22.4	19.1	40.5	18.57	16.19	27.14
5 月	35.5	49.3	69.6	17.05	28.11	39.17
6 月	48.6	75.7	73.3	15.71	24.29	46.19
7 月	72.4	79.3	78.8	41.94	25.35	65.9
8 月	50.7	63.6	61.8	27.19	8.76	44.7
9 月	35.7	47.1	51.4	13.81	6.67	31.43
10 月	5.5	12.0	12.4	0.5	0.92	5.53
11 月	11.9	10.5	28.1	4.76	5.71	17.14
12 月	0	0	23.5	0	0	10.6
年均	23.6	29.7	53.2	11.63	9.67	36.19

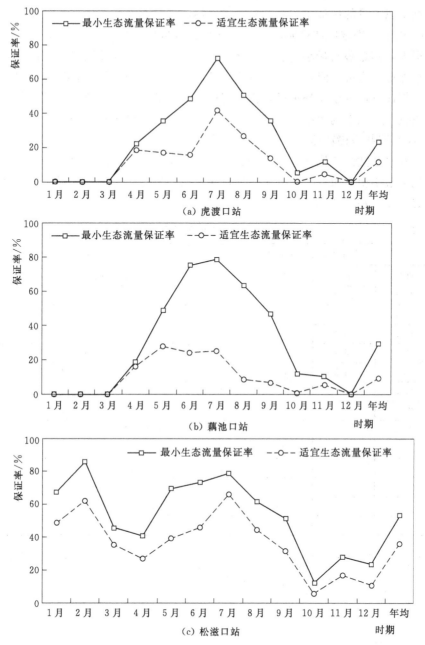

图 6.4.1 荆江三口水系各站点现状生态流量保证率

在现状条件下，荆江三口水系虎渡口和藕池口的最小生态流量保证率普遍较低。其中，以虎渡口的最小生态流量保证率最低，年内共有 4 个月的日均保证率达到了 0，年保证率也达到了 23.6%，可以看出虎渡口和藕池口的枯水期最小生态流量保证率都是极低的，说明现在的虎渡口和藕池口在枯水期继续调度水量来维系该地区的生态发展；而松滋口相对较高，年保证率为 53.2%，只有在 10—12 月的保证率不足 30%。从总体上看，丰水期（6—9 月）的保证率都较高。

对适宜生态流量的保证率进行分析可知，荆江三口水系的保证率依旧很低，年均保证率都在40%以下；松滋口和虎渡口虽然适宜生态流量保证率都有所下降但相对来说下降幅度不是很大，其趋势与最小生态流量保证率的大致相似；而藕池口的适宜上调利率较最小生态流量保证率来说下降幅度较为明显，尤其是在5—9月下降幅度达到了60%左右。

可见，荆江三口的生态环境已经面临着极大的挑战，如果不及时的调节水量维系河流的生态环境发展，当地的生态环境将会变得恶劣，影响区域民众活动。

6.4.1.2　四水现状保障程度

根据四水水系湘潭、桃江、桃源和石门4个控制站点2010—2016年间的日平均流量与计算得到的最小生态流量、适宜生态流量相比较，进行生态流量的现状保证率分析。分析结果见表6.4.2和图6.4.2。

表6.4.2　　　　　　　　　　四水现状生态流量保证率　　　　　　　　　　%

时期	最小生态流量保证率				适宜生态流量保证率			
	湘潭	桃江	桃源	石门	湘潭	桃江	桃源	石门
1月	100	84.8	100	97.2	100.0	84.9	94.6	97.3
2月	99.5	91.9	97.0	98.0	81.2	79.4	81.8	97.6
3月	99.1	83.4	97.2	88.0	96.8	58.1	92.5	63.4
4月	84.3	86.7	91.0	86.2	61.1	70.0	75.0	71.1
5月	95.9	84.3	88.0	82.9	84.4	68.3	78.0	78.0
6月	98.1	88.1	98.6	94.8	87.2	69.4	93.9	91.1
7月	92.2	83.4	87.6	97.2	71.0	71.5	69.4	91.9
8月	92.2	78.8	79.7	94.5	81.2	64.5	55.9	83.3
9月	100	95.7	84.3	96.2	99.4	79.4	63.3	87.2
10月	100	99.5	85.3	96.8	93.5	79.0	61.8	89.8
11月	96.7	85.2	91.9	100	99.4	56.7	70.6	100.0
12月	100	98.2	100	100	100.0	72.0	80.6	100.0
年均	96.5	88.3	91.7	94.3	87.9	71.1	76.4	87.6

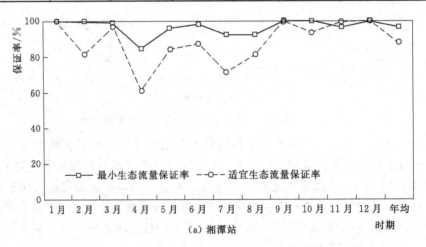

(a) 湘潭站

图6.4.2（一）　四水水系各站点现状生态流量保证率

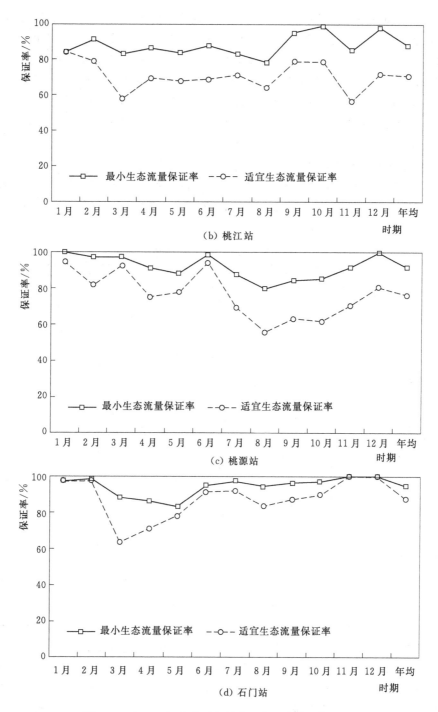

（b）桃江站

（c）桃源站

（d）石门站

图6.4.2（二） 四水水系各站点现状生态流量保证率

在现状条件下,四水水系湘潭、桃江、桃源和石门的最小生态流量保证率普遍较高。其中,以湘潭断面的最小生态流量保证率最高,年内共有 4 个月的日均保证率达到100％,年保证率也达到 96.5％,因此,在枯水期最小生态流量保证率极高;而桃江断面相对较低，年保证率为 88.3%，尤其在 3—8 月的保证率不足 90%。从总体看来，枯水期（10 月至次年 3 月）的保证率都较高，可能与河道水库调度削减丰水期洪峰相关。

依据适宜生态流量的保证率分析结果，四水水系的适宜生态流量保证率较最小生态流量保证率的改变程度不高，基本在原有的变化趋势中略有下降；四水各断面的保证率基本在 70% 以上，只有桃江 3 月和桃源 8 月的保证率分别为 58.1% 和 55.9%。

可见，四水水系的生态流量保证率基本良好，但年内个别月份还应该持续关注，做好水量调节工作，以满足当地河流的生态环境发展需求。

6.4.1.3 洞庭湖现状保障程度

根据洞庭湖城陵矶、南咀、杨柳潭 3 个控制站点 2010—2016 年间的日平均水位量与计算得到的最低生态水位、适宜生态水位相比较，进行湖泊生态水位的现状保证率分析。分析结果见表 6.4.3 和图 6.4.3。

表 6.4.3 洞庭湖现状生态水位保证率 %

时期	最小生态水位保证率			适宜生态水位保证率		
	城陵矶	南咀	杨柳潭	城陵矶	南咀	杨柳潭
1 月	100	100	100	100	100	100
2 月	100	100	100	100	99	98
3 月	100	100	100	100	91.7	93.1
4 月	100	94.8	100	95.2	77.6	81
5 月	93.1	81.6	86.2	85.7	62.7	76
6 月	98.6	95.2	96.2	94.8	83.3	91.9
7 月	100	73.7	66.8	87.1	59.9	61.3
8 月	95.4	64.5	64.1	75.1	47	50.7
9 月	78.6	57.1	62.9	59.5	39	42.4
10 月	66.8	39.6	71.9	44.2	16	39.6
11 月	100	86.2	100	69	43.8	74.8
12 月	100	100	100	100	98.6	100
年均	94.4	82.7	87.3	84.2	68.2	75.7

在现状条件下，洞庭湖水系城陵矶站、南咀站、杨柳潭站的最小生态水位保证率普遍较高。其中，以城陵矶的最小生态水位保证率最高，年内共有 6 个月的日均保证率达到 100%，年保证率也达到 94.4%；而南咀相对较低，年保证率为 82.7%，尤其在 7—10 月的保证率不足 80%。从总体上看，枯水期（11 月至次年 4 月）的保证率都较高，说明长江中上游的梯级水库在枯水期的调度作用明显。

适宜生态水位的保证率分析可知，城陵矶站依然保持着较高的保证率，达到 84.2%；杨柳潭的适宜生态水位保证率虽然有一定的下降，但还保持良好，仍在 75% 以上；南咀站的适宜生态水位保证率有些偏低，8—11 月的保证率都在 50% 以下。从年内各月份保证

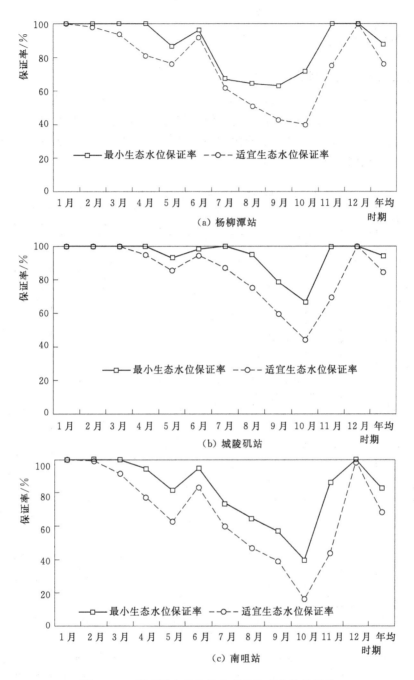

图 6.4.3 洞庭湖水系各站点现状生态水位保证率

率的对比看，洞庭湖各站点适宜生态水位保证率与最小生态水位保证率相似，均在 8—10 月的保证率较低。

可见，洞庭湖流域各断面普遍在 8—10 月的生态水位保证率偏低，这一现象要引起重视，并在满足湖泊防洪工程的基础上，尽量保持该时期湖泊内的水位，以维持湖泊生态系统健康。

6.4.2 历史保障程度

6.4.2.1 荆江三口历史保障程度

根据荆江三口水系主要控制站多年（1955—2016 年）实测日均流量资料，与计算的最小生态流量、适宜生态流量作比较，将时间按年代划分，分别按照不同年代内各月日均流量对最小生态流量、适宜生态流量的比较分析，得出相应的历史保证率，计算结果见表 6.4.4、图 6.4.4 和图 6.4.5、表 6.4.5。

表 6.4.4 荆江三口典型断面最小生态流量历史保证率统计 ％

断面	时间/年	1月	2月	3月	4月	5月	6月	7月	8月	9月	10月	11月	12月
虎渡口	1960—1969	84.2	70.0	51.3	61.0	82.9	91.7	100.0	100.0	100.0	100.0	99.3	96.1
	1970—1979	22.3	13.5	21.0	59.3	81.9	90.3	98.1	87.7	88.0	86.8	73.7	41.3
	1980—1989	0	0	0	19.3	36.5	74.7	98.4	95.5	80.0	79.7	28.7	4.5
	1990—1999	0	0	0	8.3	39.3	67.3	94.2	79.0	72.3	61.3	21.7	1.6
	2000—2009	0	2.8	1.0	12.7	34.2	51.3	69.7	75.5	67.7	31.6	18.0	1.6
藕池口	1960—1969	37.1	49.5	48.1	69.3	93.2	95.3	100.0	100.0	100.0	100.0	100.0	88.1
	1970—1979	0	0	3.6	34.3	72.6	83.3	98.1	84.2	78.7	72.3	43.0	7.7
	1980—1989	0	0	0	17.0	31.3	66.0	94.2	92.6	96.3	76.8	26.0	1.9
	1990—1999	0	0	0	10.3	33.9	66.0	91.0	75.5	62.0	45.8	11.7	0
	2000—2009	0	0	0	5.7	30.7	65.7	72.6	72.9	68.7	30.0	15.0	0
松滋口	1960—1969	88.7	73.1	67.7	56.0	74.2	81.0	100.0	100.0	95.3	98.7	97.0	89.4
	1970—1979	24.5	25.5	24.8	65.0	92.7	96.5	98.1	83.6	93.7	95.2	80.0	47.7
	1980—1989	7.4	3.9	10.7	30.4	44.8	75.7	97.4	95.2	100.0	89.0	56.3	25.8
	1990—1999	8.1	9.6	16.8	20.0	44.8	64.7	91.3	74.8	65.7	62.6	37.0	13.9
	2000—2009	0	12.7	17.4	23.3	42.6	64.3	74.5	79.7	69.3	41.6	25.3	8.4

根据表 6.4.4 及图 6.4.4 可知，虎渡口面在 20 世纪 60—70 年代的最低生态水位保证率都还保持在正常范围内，80 年代后在枯水期 12 月至次年 3 月的保证率都极低，河道在这段时间基本处于断流状态；藕池口在 20 世纪 60 年代的保证率均高于 40％，在丰水期的保证率基本处于 100％，70 年代后受人类活动影响河道的生态流量保证率急剧下降，枯水期保证率基本都处于极低水平；松滋口相对于藕池口和虎渡口保证率较高，20 世纪 70 年代后的下降趋势也没有藕池口和虎渡口剧烈，但其在枯水期的保证率还偏低，不利于河道的生态环境发展。

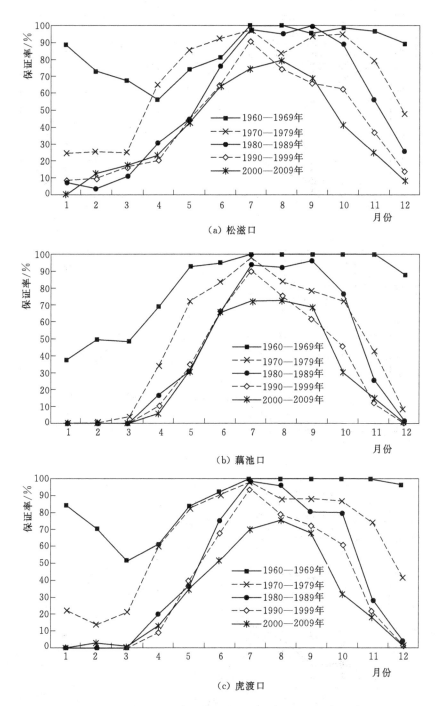

图 6.4.4 荆江三口水系各站点最小生态流量历史保证率

依据表 6.4.5 及图 6.4.5，荆江三口水系不同断面在 20 世纪 70 年代后年内最低保证率都出现在 1 月，并且可以看出从 20 世纪 80 年代开始荆江三口在每年的枯水期 11 月至次年 3 月基本处于断流状态，总体上可以看出荆江三口随着历史演变，其河道的适宜流量

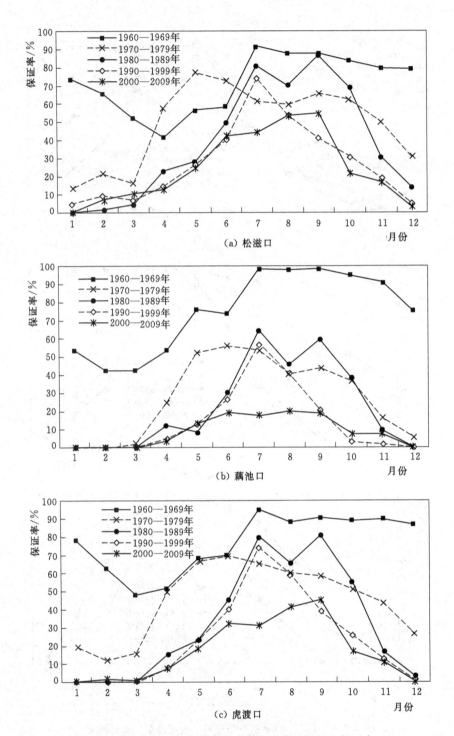

图 6.4.5　荆江三口水系各站点适宜生态流量历史保证率

保证率越来越低。这说明荆江三口地区的河流生态环境较差，如不采取措施，当地河岸带的物种将会大量灭亡，不利于当地生物多样性的发展以及生态系统的健康发展。

表 6.4.5					荆江三口典型断面适宜生态流量历史保证率统计							%
断面	时间/年	1月	2月	3月	4月	5月	6月	7月	8月	9月	10月	11月	12月
虎渡口	1960—1969	78.4	62.9	48.1	51.3	68.1	70.0	95.2	88.4	90.7	89.4	90.0	86.8
	1970—1979	19.7	11.7	15.8	49.3	66.8	69.7	65.5	60.0	58.7	51.0	43.3	26.5
	1980—1989	0.0	0.0	0.0	15.0	22.9	45.7	80.0	65.5	81.0	55.5	16.3	3.6
	1990—1999	0.0	0.0	0.0	7.3	23.2	40.0	74.5	58.7	39.0	25.8	12.7	1.3
	2000—2009	0.0	1.8	1.0	7.3	18.7	32.3	31.3	41.3	45.3	17.1	11.0	0.7
藕池口	1960—1969	53.9	42.4	42.6	53.3	75.8	73.7	98.4	98.1	98.3	94.8	91.7	75.5
	1970—1979	0.0	0.0	1.9	24.7	52.6	56.0	53.9	40.7	43.7	36.8	16.7	5.2
	1980—1989	0.0	0.0	0.0	12.3	9.0	30.3	64.5	45.8	59.3	38.4	9.7	0.0
	1990—1999	0.0	0.0	0.0	5.3	12.9	26.3	58.1	41.0	21.0	3.2	2.0	0.0
	2000—2009	0.0	0.0	0.0	4.0	13.6	19.7	18.1	20.3	19.3	7.7	7.7	0.0
松滋口	1960—1969	73.6	65.4	51.9	41.3	56.8	58.0	91.9	87.7	87.7	84.2	79.7	79.4
	1970—1979	13.2	21.3	16.1	58.0	76.8	73.0	61.3	59.4	65.7	62.3	50.3	30.7
	1980—1989	0.3	1.8	4.5	23.0	28.1	49.7	81.0	70.3	87.0	68.7	30.3	13.9
	1990—1999	5.2	9.2	7.1	14.7	25.8	42.3	73.9	54.2	41.0	31.0	19.0	5.2
	2000—2009	0.0	7.4	10.3	13.0	24.2	42.3	44.2	53.6	55.0	21.9	16.7	3.2

6.4.2.2 四水历史保障程度

根据四水水系主要控制站多年（1959—2016 年）实测日均流量资料，与计算的最低生态流量、适宜生态流量作比较。将长时间轴按年代划分，分别按照不同年代内各月日均流量对最低生态流量、适宜生态流量的比较分析，得出相应的历史保证率，如表 6.4.6、表 6.4.7 及图 6.4.6、图 6.4.7 所示。

表 6.4.6					四水典型断面最小生态流量历史保证率统计							%
断面	时间/年	1月	2月	3月	4月	5月	6月	7月	8月	9月	10月	11月	12月
湘潭	1960—1969	90.6	74.1	88.1	88.7	90.0	87.0	65.8	79.0	72.7	86.8	92.0	93.2
	1970—1979	96.1	98.9	84.5	88.7	98.1	88.3	80.6	95.8	97.7	98.4	90.7	89.4
	1980—1989	99.7	91.1	95.2	100.0	93.2	90.7	77.1	95.2	94.0	95.5	100.0	100.0
	1990—1999	93.9	90.8	90.6	94.3	97.1	97.3	98.1	100.0	100.0	100.0	87.7	97.7
	2000—2009	99.4	99.6	96.1	95.0	94.2	98.7	98.1	100.0	100.0	100.0	99.7	100.0
桃江	1960—1969	92.9	83.7	88.4	91.7	88.1	79.3	68.4	87.4	73.0	83.9	93.3	99.0
	1970—1979	86.1	95.0	94.8	89.0	99.7	100.0	93.5	88.1	92.0	97.1	82.7	92.6
	1980—1989	99.7	94.7	96.5	98.7	93.9	97.3	94.8	94.2	99.0	100.0	98.3	97.7
	1990—1999	98.1	99.3	89.4	99.3	99.0	98.7	94.8	96.1	94.0	100.0	88.0	91.6
	2000—2009	87.1	91.8	95.5	85.7	93.9	96.7	89.7	85.2	93.3	96.5	71.0	92.6

续表

断面	时间/年	1 月	2 月	3 月	4 月	5 月	6 月	7 月	8 月	9 月	10 月	11 月	12 月
桃源	1960—1969	99.4	98.2	98.4	88.3	94.2	77.7	69.0	90.0	79.0	92.6	93.3	100.0
	1970—1979	100.0	100.0	97.7	81.3	98.1	93.0	77.1	86.8	92.0	98.7	82.0	100.0
	1980—1989	100.0	100.0	94.5	94.0	95.2	93.3	90.3	97.7	93.7	94.2	100.0	100.0
	1990—1999	100.0	100.0	89.7	97.0	94.2	99.3	98.7	99.4	98.0	93.5	89.7	92.6
	2000—2009	99.7	100.0	99.4	95.0	95.2	97.7	90.6	90.0	88.0	90.0	77.3	99.7
石门	1960—1969	100.0	100.0	73.5	88.0	83.9	58.0	64.8	86.1	73.7	79.0	96.1	100.0
	1970—1979	99.0	97.9	71.9	76.0	87.1	77.7	67.7	65.5	74.0	72.6	71.7	88.4
	1980—1989	99.0	98.9	77.4	77.3	78.4	78.3	76.8	86.1	81.3	78.7	89.7	96.1
	1990—1999	93.2	92.2	88.4	77.0	79.7	76.3	85.8	83.9	73.7	76.5	74.7	79.7
	2000—2009	95.5	93.6	95.5	93.7	91.0	86.0	83.2	81.9	82.7	75.8	87.7	97.4

表 6.4.7　　　　　　　"四水"典型断面适宜生态流量历史保证率统计　　　　　　　%

断面	时间/年	1 月	2 月	3 月	4 月	5 月	6 月	7 月	8 月	9 月	10 月	11 月	12 月
湘潭	1960—1969	77.1	71.3	77.4	79.7	72.3	57.7	55.8	68.1	61.7	68.4	79.0	86.1
	1970—1979	83.5	83.3	64.8	73.7	84.8	73.7	60.6	80.6	77.1	78.4	58.7	57.7
	1980—1989	88.7	83.7	83.5	90.0	73.5	73.7	56.1	69.4	76.7	87.4	73.0	72.9
	1990—1999	91.0	84.0	81.0	89.7	80.3	86.7	83.5	90.0	91.3	91.0	71.0	88.3
	2000—2009	98.1	95.4	86.5	76.3	72.6	88.7	78.7	91.9	94.0	94.2	71.3	99.4
桃江	1960—1969	69.7	61.3	66.5	81.0	69.0	57.3	50.3	63.2	64.0	80.0	78.3	88.7
	1970—1979	67.4	78.0	76.1	76.0	91.0	94.7	83.5	84.2	87.0	86.5	72.0	68.4
	1980—1989	94.5	86.5	88.7	94.0	70.0	83.7	85.2	76.1	79.3	94.2	88.0	80.0
	1990—1999	90.6	84.8	80.6	96.0	91.9	96.7	86.8	84.2	80.3	86.8	62.7	69.7
	2000—2009	75.5	79.8	87.4	70.0	81.6	90.0	74.8	62.3	69.7	58.4	48.0	66.5
桃源	1960—1969	84.5	83.7	67.1	73.7	74.2	52.3	58.4	71.3	54.7	61.6	72.7	93.5
	1970—1979	77.7	82.6	60.7	68.7	85.2	78.7	61.9	62.6	59.0	71.6	59.3	64.5
	1980—1989	98.1	83.0	72.9	72.7	52.3	72.7	48.7	60.0	71.0	75.8	72.3	96.1
	1990—1999	95.2	80.9	80.3	78.0	56.5	68.0	81.3	82.6	74.0	76.7	58.7	81.6
	2000—2009	97.4	89.0	92.9	64.3	74.8	87.7	74.8	65.2	60.3	46.1	40.7	96.5
石门	1960—1969	100.0	82.6	59.4	71.0	68.7	41.7	54.2	69.4	54.3	58.1	71.3	93.9
	1970—1979	91.3	77.3	52.9	60.0	72.9	65.7	52.3	46.1	59.7	56.8	54.0	77.4
	1980—1989	94.5	88.3	64.5	63.0	56.8	61.7	60.6	69.4	65.7	59.0	74.0	88.4
	1990—1999	88.4	88.3	80.6	62.3	63.9	62.3	74.2	69.4	60.3	58.7	61.0	74.8
	2000—2009	92.3	91.8	87.4	81.7	77.4	72.0	70.3	73.9	60.3	51.3	61.3	94.8

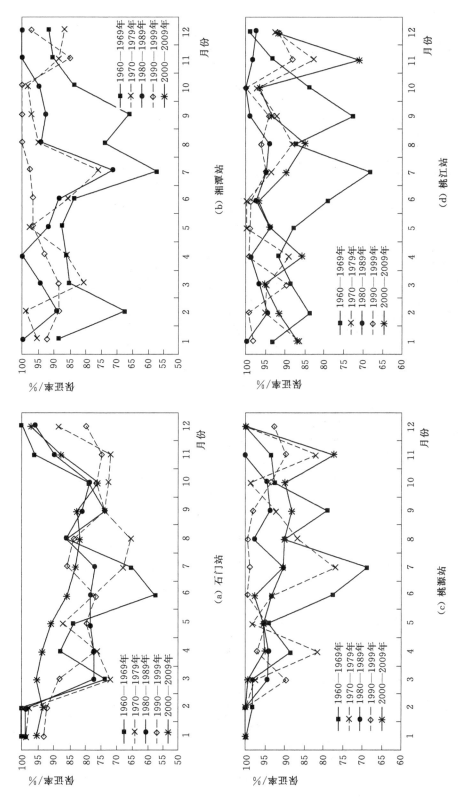

图 6.4.6 四水系各站点最小生态流量历史保证率

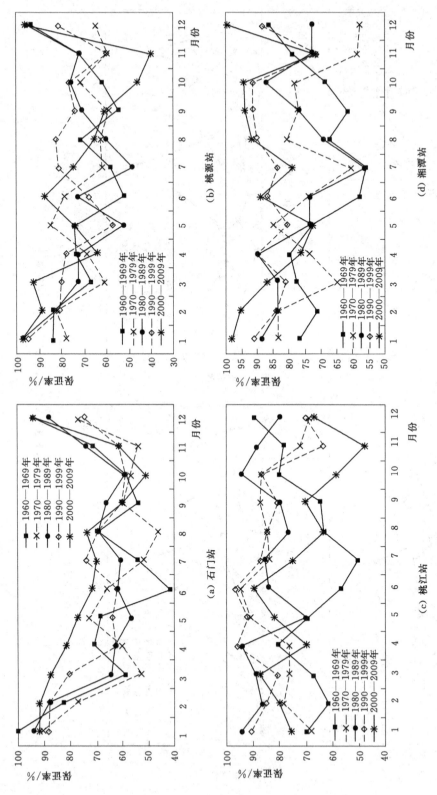

图 6.4.7　四水系各站点适宜生态流量历史保证率

湘潭断面不同时期的最低生态流量保证率呈现越来越高的趋势,20 世纪 60 年代 6—9 月的保证率在 65.8％～87％之间波动,到了 21 世纪初都在 90％以上;桃江断面在不同年的保证率都在 70％以上,大部分都处于 90％左右,满足了当地河道的生态环境需求;桃源断面的 1 月、2 月和 12 月保证率最为稳定,基本都为 100％,不同年代的保证率都处于 60％以上,满足当地河道生态环境发展的需求;石门站的最低生态流量保证率较另外 3 个站点就显得低一些,不同年代的 6 月、7 月都是该年代中最低的保证率发生时间段,直到近代情况有所好转,达到 80％左右,满足当地生态环境需水的要求。

　　根据表 6.4.7 及图 6.4.7,四水水系适宜生态流量历史保证率变化较为复杂,在 12 月至次年 3 月的保证率随历史演变有逐渐增加的趋势。桃江站的变化趋势最为复杂,但可看出桃江站在 80 年代和 90 年代的保证率较高,到 21 世纪初又有所跌落;桃源和湘潭站在 90 年代的保证率较高;石门站在 21 世纪初适宜生态流量保证率最高。

6.4.2.3　洞庭湖历史保障程度

　　根据洞庭湖主要控制站多年(1959—2016 年)实测日均水位资料,与计算的最低生态水位、适宜生态水位作比较,将长时间轴按年代划分,分别按照不同年代内各月日均水位对最小生态水位、适宜生态水位的比较分析,得出相应的历史保证率,如表 6.4.8 和图 6.4.8 所示。

表 6.4.8　　　　　　　　洞庭湖典型断面最小生态水位历史保证率统计　　　　　　　　　　　　％

断面	时间/年	1 月	2 月	3 月	4 月	5 月	6 月	7 月	8 月	9 月	10 月	11 月	12 月
城陵矶	1960—1969	100	100	93.2	83.7	93.5	89.3	96.8	100	100	99.4	100	100
	1970—1979	100	100	100	86	98.4	98.7	97.4	91	95	98.7	99.3	98.7
	1980—1989	100	100	100	100	97.4	100	100	98.7	100	100	100	100
	1990—1999	100	100	95.3	100	100	100	100	99.4	88.7	97.1	95.7	96.5
	2000—2009	100	100	100	100	100	100	99	94.5	92.3	82.9	98.7	100
南咀	1960—1969	100	100	100	96.3	97.1	85.7	88.7	100	98.7	100	100	100
	1970—1979	100	100	100	86.3	99.7	92	71.3	81	88.3	97.1	97.1	100
	1980—1989	100	100	100	97.3	90.6	88.3	88.4	93.5	100	100	100	100
	1990—1999	100	100	99	97.3	94.5	89.7	90.6	83.5	76.3	90	91.7	100
	2000—2009	100	100	100	100	82.9	84.7	68.4	79.4	73	52.9	80	100
杨柳潭	1960—1969	100	100	100	93	97.7	69	70.3	89.4	95.3	100	100	100
	1970—1979	100	100	93.7	100	87.7	66.8	63.2	70.7	100	100	100	100
	1980—1989	100	100	100	100	97.4	94.7	82.6	83.2	99	100	100	100
	1990—1999	100	100	99.4	99.3	100	98.7	90.3	83.2	73.7	97.4	96.7	96.5
	2000—2009	100	100	100	100	94.2	95.7	66.8	74.2	78.3	82.6	99.7	100

　　城陵矶断面不同时期的最低生态水位保证率均高于 80％,1 月和 2 月保证率最为稳定,1960—1979 年最低保证率发生在 4 月,1980—1989 年发生在 5 月,1990—1999 年在

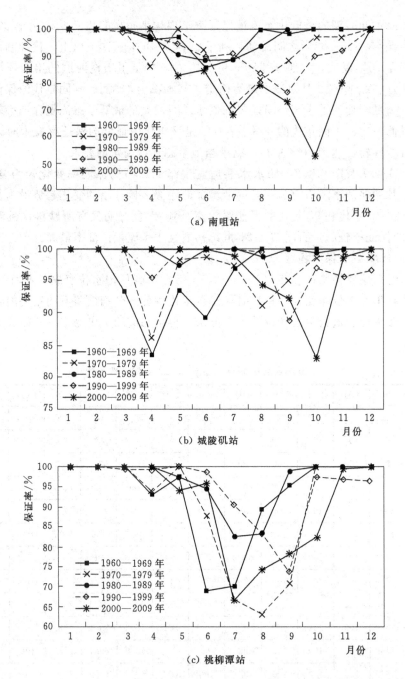

图 6.4.8　洞庭湖水系各站点最小生态流量历史保证率

9月，21世纪初发生在10月，呈现逐渐推迟的趋势；南咀站的1—3月和12月在不同时期的保证率都很稳定，几乎为100%，可以明显地看出其在丰水期（6—8月）的保证率不是很高，随着近些年来人类活动的影响，南咀站的生态水位保证率逐渐降低，在21世纪初的10月保证率降到最低为52.9%，与60年代比较有较大的差距；杨柳潭站的1—3月的保证率在不同年代都较为稳定，普遍的在6—9月的保证率较低，说明了在该季节杨柳潭的水位波动较大，特别是 20 世纪 90 年代后保证率都有不同程度的降低。

根据表 6.4.9 及图 6.4.9，洞庭湖水系不同时期 1 月的适宜生态水位保证率最为稳定；城陵矶站的适宜生态水位保证率呈现随历史变化而增长的趋势，其保证率在 21 世纪初达到最高；而南咀站恰与其相反，其适宜生态水位保证率随历史变化呈减少趋势，60

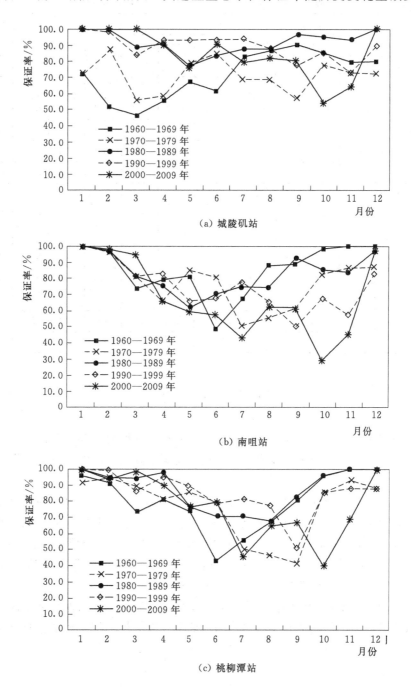

(a) 城陵矶站

(b) 南咀站

(c) 桃柳潭站

图 6.4.9　洞庭湖水系各站点适宜生态流量历史保证率

年代的保证率最高；杨柳潭站在 21 世纪初的 10 月达到最低保证率 39.7％。从总体上看，杨柳潭站 21 世纪初的适宜生态水位保证率较之前的年代保证率更低，年内 7—11 月保证率都在 70％以下。

表 6.4.9　　　　　洞庭湖典型断面适宜生态水位历史保证率统计　　　　　　　　%

断面	时间/年	1月	2月	3月	4月	5月	6月	7月	8月	9月	10月	11月	12月
城陵矶	1960—1969	72.6	51.6	47.1	55.7	68.1	61.0	83.2	86.5	91.0	86.1	79.7	80.3
	1970—1979	71.9	87.3	56.5	58.7	79.4	84.3	68.4	69.0	57.0	78.1	73.3	72.9
	1980—1989	100.0	100.0	89.0	91.3	77.7	84.7	87.7	87.7	97.3	95.5	93.7	100.0
	1990—1999	100.0	98.2	83.9	93.3	93.2	93.7	93.9	88.1	77.3	85.8	73.3	90.0
	2000—2009	100.0	100.0	100.0	90.3	76.1	91.3	80.0	82.6	81.0	54.8	65.0	100.0
南咀	1960—1969	100.0	97.9	74.2	80.0	81.9	49.0	67.4	88.4	89.3	99.0	100.0	100.0
	1970—1979	100.0	97.5	81.6	65.3	85.2	81.3	51.0	55.8	62.0	82.9	86.7	87.1
	1980—1989	100.0	98.2	81.9	75.7	62.6	70.7	75.5	74.8	93.3	86.1	84.7	97.7
	1990—1999	100.0	96.8	81.6	84.0	66.1	67.3	78.4	66.1	50.0	68.4	58.0	82.9
	2000—2009	100.0	98.2	95.2	66.3	60.0	57.7	43.5	62.3	62.0	29.0	45.3	97.1
杨柳潭	1960—1969	96.1	91.5	73.2	81.0	73.9	42.2	55.5	66.5	80.7	95.8	100.0	100.0
	1970—1979	91.9	94.3	89.0	81.3	85.8	80.0	50.3	46.8	41.3	85.2	93.0	87.7
	1980—1989	100.0	94.7	94.5	97.7	76.1	70.7	70.6	67.7	83.0	96.1	100.0	100.0
	1990—1999	99.7	99.3	85.5	95.3	89.4	78.7	81.0	77.1	49.7	85.5	88.0	87.7
	2000—2009	100.0	92.9	98.7	89.3	76.5	80.0	45.8	64.2	67.0	39.7	68.3	100.0

6.5　小　　结

河湖生态需水可分为最小和适宜生态需水，针对洞庭湖流域荆江三口、四水和洞庭湖湖区，分别采用河流和湖泊生态需水计算方法，对洞庭湖主要河湖进行了评价，并对现状和历史生态需水保证率进行了分析。

荆江三口现状和历时保证率总体较低，均在 40％以下；四水最小保证率在 90％以上，适宜生态流量保证率为 70％以上，洞庭湖湖区生态水位保证率在 90％以上，其中 7—10月生态水位保证率在 70％以下。洞庭湖主要湖泊的最低生态水位保证率普遍较高，能够达到 80％以上，但适宜生态水位保证率总体相对较低，尤其以西洞庭湖适宜生态水位保证率最低，汛期相对于非汛期生态水位保证率较低。

因此，湖南省应重点针对湖泊适宜生态水位保证率较低、年内保证率差异大等特征进行保障对策措施研究，提高适宜生态水位的保证率，以维护湖泊生态系统的健康与生物多样性。

第 7 章　洞庭湖流域生态需水保障对策措施

生态需水保障对策措施就是要保障流域主要河湖的基本生态需水或最低生态水位，使关键的生物物种免于消亡的危险；在基本满足社会经济用水之后，通过生态调度、生态补偿等保障对策措施使得河道流量尽可能地接近适宜生态流量，使河流处于生态安全状态，维持水资源可持续利用与河道健康可持续发展。本章主要从工程和非工程措施方面进行分析。

7.1　工　程　措　施

通常情况下，地表水资源量的多少是河流生态用水是否能够得到满足的最直接也是最主要的原因。同时，河道外用水量与水库蓄水的影响，特别是在枯水季节或年份也是不容忽视的。因此，在无法增加天然来水以及大量减少河道外用水的前提下，通过修建水利工程，如地表工程、地下工程、跨流域调水工程、节水工程以及污水资源化工程等，将丰水年多余的水留给枯水年，将丰水季节的水留给枯水季节，将科学水资源管理和合理水资源调度相结合地运用到河流生态流量保障中，将是提高河湖生态流量保证率的有效途径之一。

7.1.1　生态补水水源工程

充分发挥现有水库的作用，通过调整水库运行方式，尽可能在现有水库中解决河流的缺水问题。对利用现有水库不能解决缺水的河流，按照流域规划提出新建水库等水源措施。结合城镇生活供水和工农业供水，分阶段建设一批生态补水工程。此外，可以提高大坝防洪标准，增加水利工程调蓄能力，对提高生态用水和社会经济用水的保障程度起到显著作用。

7.1.1.1　湘水大中型水库

湘水流域现有水库有双牌、青山垅、酒埠江、水府庙、黄材、欧阳海、东江、株树桥。为满足湘水流域的用水需求，2020 年规划兴建、改扩建的大中型水库共 44 座，分别为：湖南省的涔天河（扩建）、毛俊、白马水库（扩建）、何仙观、罗家、丰田、椒花、白石洞、五福堂、两丝、阳升观等 41 座水库。2030 年兴建湖南的达浒、张家洞、炉烟洞、在此山、神龙湖等 7 座水库；扩建湖南的里雅塘、宝盖、文佳冲 3 座水库。规划的湘水流域大中型水库见表 7.1.1。新建及改扩建水源供水能力可以满足流域新增的需水要求。

表 7.1.1 　　　　　　　湘水流域规划大、中型水库工程基本情况

序号	水库名称	所在河流	总库容 /万 m³	兴利库容 /万 m³
至 2020 年				
1	涔天河水库（扩建）	潇水	151000	99200
2	毛俊水库	春陵水	29600	12600
3	白马水库（扩建）	涟水—孙水河	14000	10100
4	码市水库	潇水	9980	9300
5	营乐源水库	潇水	2500	2100
6	何仙观水库	潇水	5600	5000
7	金钩挂水库	宁远河	1216	1000
8	芦江水库	芦洪江	2200	2000
9	郭家咀水库	祁水	1600	1500
10	广济水库	宜水	1010	950
11	双龙水库	蒸水岁河	2500	2300
12	沤菜水库	耒水	1038	610
13	潭湾水库	莲花江	3400	2000
14	桃源水库	春陵水	2700	1301
15	雷溪坝水库	东江—雷溪河	3000	1200
16	茶安水库（扩建）	洣水	7700	7555
17	黄口堰水库（扩建）	耒水—西河址渡河	1000	900
18	团结水库	耒水—浙水	1100	1000
19	观山洞水库	耒水—秧溪河	1100	900
20	大坝塘水库	沩水	5700	2600
21	椒花水库	浏阳河	4300	2530
22	丰田水库	浏阳河	1292	812
23	白石洞水库	捞刀河	1600	1475
24	建民水库（扩建）	洣水—茶水	1000	800
25	老虎岩水库（扩建）	洣水	1446	1250
26	前山水库	洣水	1605	1200
27	潭塘江水库	浏阳河—涧江	2000	1800
28	阳升观水库	洣水—攸水珠 丽江	1600	1440
29	平乐水库	洣水—斜濑水平乐河	1200	1080
30	两丝水库	侧水—两丝河	1100	995
31	塞海水库	涟水—湄江	2088	1700
32	罗家水库	浏阳河	1095	805

序号	水库名称	所在河流	总库容 /万 m³	兴利库容 /万 m³
33	江源水库	耒水—郴江河	1410	1390
34	五福堂水库	耒水—五福堂河	2500	1700
35	大院水电站	洣水—沩水	2135	1464
36	七子塘水库	枫溪港	1100	700
37	青山垅水库（扩建）	永乐江	11400	8575
38	长冲水库	涟水	1150	890
39	马埠桥水库	涟水	3200	2560
40	杨家台水库扩建	祁水	2686	2535
41	上福冲水库扩建	祁水	1950	1640
至 2030 年				
1	达浒水库	浏阳河—大溪河	13400	8500
2	张家洞水库	潇水	2465	2200
3	里雅塘水库（扩建）	白水河	1125	1017
4	宝盖水库（扩建）	浏阳河	1241	1088
5	炉烟洞水库	捞刀河	1523	1030
6	在此山水库	靳江	2200	1940
7	文佳冲水库（扩建）	沩水	1040	692
8	神龙湖水库	河漠水	7000	6214
9	塔山水库	白水	3210	2910
10	庙前水库	潭水	4300	3461

7.1.1.2　资水大中型水库

资水流域现有水库为六都寨和柘溪。依据流域现有防洪水库工程现状，拟规划干支流建设 8 座具有防洪作用的大中型水库，配合已有防洪水库工程进一步提高流域总体防洪能力。流域内规划防洪水库基本情况见表 7.1.2。

表 7.1.2　　　　　　　　　　资水流域规划水库基本情况

河流	水库	总库容 /亿 m³	防洪库容 /万 m³	河流	水库	总库容 /亿 m³	防洪库容 /万 m³
资水干流	金塘冲	2.48	16000	平溪黄泥江	山门	0.76	3500
资水干流	犬木塘			洋溪	木榴	0.3	1200
桃花江	桃花江（扩建）	1.13	1100	大洋江	半山（扩建）	0.36	1800
伊水河	梅城	0.45	2700	西洋江	凤凰潭	0.19	400

7.1.1.3　沅水大中型水库

沅水流域现有水库有三板溪（贵州境内）、白云、蟒塘溪、凤滩、五强溪、黄石、朗江、竹园、托口（在建）。依据流域现有防洪水库工程现状，拟规划干支流建设 5 座具有防洪作用的大中型水库，配合已有防洪水库工程，进一步提高流域总体防洪能力。其中贵州省 3 座，湖南省 2 座。各省（直辖市）规划防洪水库基本情况见表 7.1.3。此外，扩大五强溪水库防洪库容，水库防洪库容由原来的 13.6 亿 m³ 扩大至 17.05 亿 m³。

表 7.1.3　　　　　　　　　沅水流域大中型水库建设规划情况

省份	河流	水库	库容/亿 m³		防洪保护对象
			总库容	防洪库容	
贵州	六洞河	塘冲	0.7	0.24	下游乡镇农田
	清水江	旁海	0.97	0.55	下游乡镇农田
	重安江	石厂	8.79	0.17	下游乡镇农田
湖南	溆水	山阳	6.56	0.5	下游乡镇农田
	渠水	张簧	1.98	0.3	下游乡镇农田

此外，澧水流域现有水库有鱼潭、江垭、皂市、贺龙，以及新墙河及汨罗江：新墙河上有铁山水库等。

7.1.2　四口水系综合整治工程

根据四口水系综合整治的原则和目标，以改善江湖关系为根本，拟定工程总体布局为"疏-控-引-蓄"相结合，具体包括"河道扩挖、松滋建闸、引江补湖、河湖连通"等。通过疏浚四口河道"引水"，力争枯期长江入湖流量达到 500m³/s 左右；建设平原水库"蓄水"，增加枯期蓄水量 2000 万 m³；建设松滋口闸"控洪"，控制汛期松滋河入湖不超过 10740m³/s（1954 年最大流量），实现洪水期控制入湖洪量、枯季增加入湖水量、增强调蓄能力的综合治理目标。工程估算总投资约 185 亿元。

7.1.2.1　松滋河水系

通过松滋河水系骨干水道（松滋口—松滋西河—自治局河—松虎合流段—澧水洪道）和松滋东河上段河道的扩挖，统筹灌溉、供水、防洪、水生态环境保护等多方面需求，增加枯水期河道进流，提供区域供水、灌溉所需的水资源，满足供水、灌溉需求；维持河道全年不断流，满足最小生态流量要求，恢复江湖水生生物通道；沟通小南海湖、王家大湖、牛奶湖、淤泥湖、牛浪湖、珊泊湖、濠口湖、马公湖等湖泊与松滋河、沱水、庙河等区域水系的水力联系；结合河道整治改善骨干水系航道水深条件。建设松滋口闸，实现松滋口洪水与澧水洪水的错峰，提高松澧地区防洪能力，缓解西洞庭湖区防洪压力；建设苏支河潜坝，控制苏支河分流，控制其分流增加，促进松滋西河主干河道发育；改造沿河闸站，加强堤防加固和崩岸治理。

7.1.2.2　虎渡河水系

通过河道扩挖和南闸增建深水闸，增加太平口分流，保障河道常年不断流，为两岸提供供水、灌溉水源，满足河道最小生态流量的要求，维持河道过流能力；改造沿河闸站，增强湖北省北部灌区引江能力，治理崩岸险情；沟通玉湖，将荆江分洪区内的崇湖、陆逊湖、北湖、杨马水库等与虎渡河和长江相连通。

7.1.2.3 藕池河水系

对藕池河主干河道（藕池口—管家铺—梅田湖—注滋口—东洞庭湖）进行扩挖，维持藕池河东支主干河道全年通流，为藕池河水系提供供水、灌溉水源，保证藕池河主干河道的最小生态流量要求；通过藕池中支扩挖与西洞庭湖相通，加之陈家岭河控制和藕池西支控制，提供藕池中支、西支沿岸供水灌溉水源；通过鲇鱼须河控制工程、沱江补水工程、大通湖引水工程增加调洪补枯能力。沟通上车湾湖、下车湾湖、沙河水库、大通湖、东湖、西湖、塌西湖与藕池河及南洞庭湖的水力联系。

7.1.2.4 华容河水系

改建调弦口闸，降低六门闸闸门底板高程，增建洪山头闸站，结合河道扩挖，从华容河及华洪运河引水，满足沿岸灌溉及水生态环境改善需求；增强湖北省调东灌区和管家铺灌区的引江能力；通过华容河沟通上津湖、白莲湖、三菱湖与长江的联系，通过华洪运河沟通板桥湖、采桑湖。

7.1.3 河湖水系连通工程

河湖水系连通工程指对产生生态阻隔的河湖生态系统或单元实施的生物学连通措施。通过合理调度闸坝、恢复通江湖泊的水力联系、拆除作用不大且阻碍水系连通的闸门，对阻碍水系连通的河段进行生态疏浚等，并配合植被带建设以达到修复河岸带的目的，从而改善水系的连通性。连通垸内、垸外沟渠水系，"活化水体"，提升垸内水体自净能力和环境容量，构建引排自如、生态健康的河湖水系连通网络，有效解决区域水资源及水生态环境问题。

湖南省河湖水系连通工程主要包括沅澧河湖连通、松澧河湖连通、沅南河湖连通、松虎藕四口河系连通、华容河河湖连通、岳阳市四湖、大通湖、民主垸八湖、烂泥湖、黄盖湖、鹤龙湖、珊珀湖等12处河湖连通工程，以及湖北省松滋市洈水与王家大湖连通工程、松西支河与小南海连通工程，公安县淤泥湖与松东河连通工程、牛浪湖与松滋河连通工程、玉湖与松东河连通工程等5处河湖连通工程。其中洞庭湖地区主要包括四口水系地区、松澧地区、湘资尾闾地区、沅澧地区、岳阳片区、沅水片区等六大片区连通工程，工程总投资初步估算约94亿元。

7.1.4 城陵矶综合枢纽工程

洞庭湖城陵矶综合枢纽是积极应对江湖关系变化，解决洞庭湖枯季水位偏低、水量不足和水生态系统退化的控制性工程。工程为一等工程，初选闸址位于洞庭湖城陵矶出口、岳阳洞庭湖大桥下游约1.8km处。目前，省政府已委托国内知名研究单位完成了枢纽建设必要性、枢纽初步方案和运行调度以及枢纽对湿地、水环境、水生动物等方面影响的专题研究。

7.1.4.1 工程任务

城陵矶综合枢纽工程定位为有效应对江湖关系变化的影响，提高洞庭湖区的经济和生态承载能力，其主要任务为生态环境保护、灌溉、城乡供水、航运、血防等，同时具有枯期为下游补水的潜力。

城陵矶综合枢纽首要任务是维持湖区合理的枯期水位，缓解常态化、趋势性低枯水位造成的水安全问题，从而为生态、供水、灌溉、航运和环境等提供安全保障。通过合理调节湖区水位可以达到以下目的：一是满足湿地动态特征对水位削落的需求，延迟湖泊洼地水位提前下降带来的对湿地提前出露的影响，为水生植物和水生动物提供较稳定的环境，保障湖区生态安全；二是满足供水、灌溉可靠取水的水位需求，为解决城乡人畜饮用水安全问题提供可靠水源，保障湖区供水安全和粮食安全；三是满足提高通航保证率的水深需求，改善湖区航运条件，保障湖区航运安全；四是满足改造钉螺孳生环境的水位涨落需求，阻止钉螺沿水系扩散，控制钉螺孳生和蔓延，有效抑制血吸虫病蔓延，保障湖区民生安全；五是满足特殊情况下为长江中下游应急补水的需求，充分利用汛期洪水资源，为缓解长江中下游因旱情造成的沿江两岸生产生活用水及航道畅通问题做出贡献。

7.1.4.2　工程布置

枢纽主体建筑物由溢流明渠、泄水闸、船闸、鱼道以及连接挡水建筑物组成。闸轴线总长 3532.7m，从左至右依次布置有左岸溢流明渠段（1223.4m）、左岸泄水闸段（527.0m）、船闸段（540.0m）、右岸泄水闸段（972.0m）、鱼道及右岸连接段（270.3m）。其中，孔口净宽 26m 的常规泄水闸 33 孔，设置孔口净宽 80m 的大孔泄水闸 4 孔以便江豚通过；枢纽船闸为Ⅰ（3）型，设计代表船型为Ⅰ级的 3000t 级驳船，船闸规模按Ⅰ（3）型船队，即两排两列 3000t 级驳船组成船队配套，闸室有效尺度为 280.0m× 34.0m×5.5m；右岸并行布置两条鱼道，左侧为低水位鱼道，右侧为高水位鱼道，鱼道进口距轴线距离约为 650m，出口距闸轴线距离约为 150m。

7.1.4.3　枢纽调度方式

综合考虑生态、水环境、供水、灌溉、航运等不同要求，根据目前研究成果，按照"调枯不控洪"的调度原则，初步拟定供各研究单位开展工作的枢纽调度方式。

（1）9 月 1—10 日控制水位 27.5m。

（2）9 月 11 日至 10 月底，闸上水位按闸址处三峡水库建成前的天然水位节律削落。

（3）10 月底至次年 4 月初枯季水位按照 23m 进行控制。

（4）4 月上中旬以后若外江水位达到枯季枢纽控制水位，闸门全部敞开，江湖连通，直至 8 月 31 日。

城陵矶综合枢纽工程定位为通过枢纽工程调度，积极应对江湖关系变化的影响，提高洞庭湖区的经济和生态承载能力，维持湖区合理生态水位，促进湖区生态系统良性循环，改善湖区枯期水质，保障城乡供水，提高通航条件，缓解长江上游控制性水库运行对中下游水资源综合利用的影响，做到"江湖两利、生态优先、功能综合"。但工程的建设将在一定程度上改变天然的水文情势，从而对湖区一定时期的生态环境产生影响，其影响程度取决于枢纽的枯期控制水位、运行调度方式和工程型式。考虑到洞庭湖区的重要生态地位，综合湖区水资源利用和生态环境保护的要求，根据对枢纽的作用和影响分析，枯期调节水位不宜过高，下阶段应结合洞庭湖区经济社会发展和生态环境保护的要求，进一步深入研究枢纽调度运行方式。随着今后对洞庭湖动态监测资料的积累和研究的深入，枢纽的调度运行方式还应在实践中不断完善。由于枢纽运行有一适应性调度过程，枢纽的结构设计应留有余地。

城陵矶综合枢纽工程对湖区生态环境保护、灌溉、供水、航运及血防等有较大效益。工程涉及面广、情况复杂。今后应进一步开展调查和观测，结合长江中下游及洞庭湖区水资源与水生态环境变化的新形势和趋势，进一步深入分析工程调度运用方式以及其对江湖关系、水生生物、湿地候鸟、鱼类洄游、湖区水环境保护和下游地区的影响，深入论证工程建设的作用、效果，并提出减免负面影响的对策措施。

7.2 非 工 程 性 措 施

7.2.1 实行最严格水资源管理制度、实施流域水务一体化管理

从水资源管理体制、法制管理、权属管理、技术管理以及公众参与管理和管理能力建设等方面，探索建立和完善适合各流域的水资源管理体制、运行体制和管理方法，以总量控制与定额管理、水功能区管理等制度建设为平台，以推进节水防污型社会建设为载体，以水资源论证、取水许可、水资源费征收、入河排污口管理、水工程规划审批等为手段，以改革创新为动力，以能力建设为保障，实行最严格的水资源管理制度，全面提高水资源管理能力和水平，着力提高水资源利用效率和效益，以水资源的可持续利用支撑经济社会的可持续发展。

流域水务一体化管理就是将流域的上、中、下游，左岸与右岸，干流与支流，水量与水质，地表水与地下水，治理、开发与保护等作为一个完整的系统，将兴利与除害结合起来，运用行政、法律、经济、技术和教育等手段，按流域进行水资源的统一协调管理。既不允许顾此失彼，更不允许以邻为壑，需要统筹兼顾，保证流域生态系统平衡，全面考虑流域的经济效益、社会效益和环境效益。从水资源分散的多头管理转变到集中的统一管理，为水资源合理配置提供体制上的保障。

7.2.2 加强湖南省生态用水调查、建立宏观调控机制

进一步收集资料和进行实地调研，加强湖南省生态用水的调查研究工作。随着经济社会的发展，湖南省水系水生态环境状况有了很大变化。生物多样性和生态系统稳定是生态系统建设和管理的主要目标，因此，要加强基本生物资料的系统观测。为了解洞庭湖区域现阶段水生生物的状况，本研究应开展水生生物调查工作，充分掌握水生动植物的种类、种群分布状况等生态资料。生态用水调查研究工作，总体上可以分为3个方面：一是生态系统方面的调查研究，包括在不同水域生态系统现状及其演变规律的调查研究；二是生态系统对水量的要求以及水量因素对生态系统产生影响的调查研究；三是生态系统对水质的要求以及水污染对生态系统产生影响的调查研究等。

为了改善洞庭湖区域生态环境现状，以达到洞庭湖区域生态环境健康发展，必须改变长期以来，只强调农业、工业和城市生活需水，忽视河流生态系统本身的生态需水的观念。在研究水资源供需问题、水资源配置问题时，除了考虑经济和生活需水外，还必须同时考虑生态需水。把生态环境用水作为一个重要"部门"，与农业、工业、城市生活用水并列，并合理分配。在生态环境脆弱的河段，对生态环境需水需要赋予更高的优先级。只

有这样才能保证水资源的良性循环，实现洞庭湖区水资源的可持续利用，恢复和重建生态环境。

气象、水文、供水、林业等相关部门负责分别建立各自的信息监测系统，对洞庭湖的上下流域、各支流三者之间的江湖关系的变化作出准确的判断，以保证采取准确的应对措施。此外，本研究应建立信息来源报表与分析、常规数据监测、风险分析等制度，形成洞庭湖区水文信息网络系统，建立区域水系网络生态基流和生态水位响应机制，构建洞庭湖区域水资源政府宏观调控机制。

7.2.3　优化配置水资源、建立河湖生态用水危机管理机制

河流生态需水安全是维持河流系统健康的基本条件。河流生态需水主要由最小生态需水、适宜生态需水、最大生态基流和有效生态洪水脉冲体系构成。这些参数组成了能反映河流生态系统健康的流量等级指标。生态需水就是按河流生态水文节律形成具有时间特征的生态基流量。在此基础上，建立生态基流调度预替制度和危机管理机制，可为河流的生态需水调度和管理提供科学依据。

（1）根据水资源状况和经济社会发展水平设定生态用水管理目标。洞庭湖水资源相对丰富，应严格按照生态标准河流进行调度和管理。不同水平年设定动态的生态用水管理目标。比如在枯水年可适度压缩生态用水，而平水年尽可能地满足河流生态需水。

（2）优化配置水资源。合理水资源配置在今后的水资源开发利用和规划管理中，应当充分考虑生态需水，只有在保证生态需水的前提下，才能维持洞庭湖区域的结构和功能稳定，才能实现洞庭湖区域水资源的可持续发展。

充分发挥市场机制在水资源配置中的导向作用，形成以经济手段为主的节水机制，不断优化水资源配置，防止因水资源不合理利用而造成水环境污染和水生态破坏；制定洞庭湖区水资源利用规划，逐步建立用水权交易市场，实行水权有偿转让，使资源利用效率得到提高，生态环境得到改善。四水上游水库科学调度，变汛期水为非汛期水，实现洪水资源化，提高洪水资源的利用率。

（3）加强生态用水监测、建立河流生态用水危机管理机制。做好生态用水监测及信息管理工作，特别加强对重点保护区域的生物、水量和水质进行定期监测，监测项目要全、监测频次要密。

对应于最小生态基流、适宜生态基流的满足程度，项目依据不同等级的预警，将适宜生态基流下限设定为黄色预警流量，以最小生态基流设定为红色预警。在水资源短缺的情况下，以最小生态需水设立为河流生态危机预警流量（水位），为水生态系统将发生退化、断流或干涸警戒线，河流在此线以下存在很大水生生态系统损伤或退化风险。当水位高于洪水警戒线，虽不一定发生洪灾，但在管理中将采取非常规的应对措施。

最小生态需水是维持河流生态系统健康的底线，任何情况下，河流都要力争维持这个河流生存的临界点。最小生态需水在枯水季节和农业用水高峰季易受威胁，低于最小生态基流，河流将处于危机状态。当河流流量低于警戒线（最小生态基流）时，取水管理进入非常状态。为了解决此时经济用水（枯水期一般也是用水高峰期）与生态需水的冲突，要制定河流危机的管理制度，限制取水量。从价值观角度，红色预警线以下河川径流为河流

的生命之水，其价值要远远高于常规状态的水量，取水应该采取"高价"限制。

项目及时起动生态基流量、水位的抗汛、抗旱预案，认真编制好生态抗旱预案，抗旱指挥机构密切监视旱情的发展变化，做好旱情预测预报；在旱情发生时，及时启动预案。预案启用由各级防汛抗旱指挥部办公室向同级人民政府报告，并根据干旱等级由防汛抗旱指挥部或同级人民政府发布公告，宣布进入一定级别的预警期，或启动相应级别的应急方案。各相关部门按照指挥机构的统一部署，全力配合做好抗旱减灾工作，使对经济财产和生态环境的损害降到最低。

此外，项目根据监测信息和生态用水价值制定完善的预警制度和相应的应急方案。

7.2.4 建立流域性水工程统一调度机制、优化水工程调度方案

目前水工程的调度权较为分散，要保障洞庭区及河流的生态用水，需要发挥众多水工程的综合作用。流域性水利工程统一调度机制需要技术协调、利益平衡、信息共享和公众参与。因此，从生态用水角度建立流域性水工程统一调度机制是必要的，发生生态缺水时要赋予流域管理机构对各主要水工程进行调度的权力。

项目制定科学调度方案，合理调度三峡水库。长江水量丰富，三峡坝址多年平均径流量逾 4510 亿 m^3，三峡水库总库容为 393 亿 m^3。合理调度可发挥综合效益。洪水期可调洪削峰，减少洪灾；枯水期可增泄补水，改善环境。由于三峡水库调度设计对水环境影响较大，特别是 9—10 月蓄水减少，中下河道迁流量减少，生态所需水量引起湿地的恶化研究不够。洞庭湖入湖生态需水主要由三口进水与湘、资、沅、澧及新墙河与汨罗江等补给，三口进水根据现有资料，枯水期一般断流。因此，三峡水库调度中要充分考虑洞庭湖湿地生态保护措施，应把水环境优化和生态保护放在重要位置，科学制定新的调度方案。

在保证三峡水库的流量及水位安全的前提下，充分考虑下游河流及洞庭湖的基流量和水位对当地生态环境的影响，当洞庭湖及洞庭湖上游的基流量和水位不足时，生态环境可能遭到破坏时，三峡水库应及时做出调整，合理开闸放水，以保证下游的生态稳定。因此，三峡水库与洞庭湖之间的管理部门应建立紧密的联系，时时监测对应的基流量和水位的变化，以便采取最合适的措施。

及时优化水工程调度方案。现有的各水工程的调度，除少数几个闸兼顾防污调度外，其余的水工程调度方案基本上均没有考虑生态和水环境用水需求。这对洞庭湖区域的生态和水环境的保护是很不利的，不仅影响了流域水利建设整体效益的充分发挥，也从一定程度上制约了洞庭湖区域水利事业的进一步发展。因此，对现有水工程的调度，要根据其下游的生态用水需求，在兼顾生态用水的基础上优化调度方案，特别是水闸的调度，要在保护生态用水方面充分发挥作用。对于拟建或在建的水工程应当考虑其生态用水功能，并在工程的设计运用中充分体现出来。

对于水工程的生态功能调度，主要包括以下四方面措施：①在水工程的兴利库容中，预留一定量的生态用水库容；②充分利用汛期洪水资源，一方面在确保防汛安全的前提下尽可能多地截留汛期洪水，另一方面充分利用水工程在流域内进行洪水调度，以丰补枯；③为避免河道断流及湖泊的水源补给，各类水工程应当保持小流量泄流，即要维持河道最小生态基流；④在出现生态缺水时，充分发挥上游水工程的作用，进行生态补水。

7.2.5　开展全面节水行动、推进节水型社会建设

从目前洞庭湖水资源质量变化趋势来看，水体总体质量尚可，局部污染严重，富营养化威胁越来越大。从水量上来看湖区工程性缺水、资源性缺水、水质性缺水并存，随着三峡工程正式运行和经济社会的发展，这些现象有可能进一步恶化。为确保洞庭湖区域水资源的可持续利用，支撑经济社会的可持续发展，提高水资源对洞庭湖经济社会发展保障功能的健康水平，应进一步加强洞庭湖水资源保护和管理，推进节水型社会建设。全面推广节水新技术，形成全员节水氛围。

7.2.5.1　农业节水措施

节水措施不局限于工程建设，还配以制度节水、管理节水等非工程措施建设，努力提高灌溉水利用率，减轻农药造成的面源污染。加快渠系配套改造、安装计量设施及推广农业灌溉技术，控制农业面源污染；加强农业用水管理，制定合理的农业用水水价政策。不断推进洞庭湖区域农业节水科技成果的生产力转化，加强田间节水技术的宣传普及。

（1）推广科学合理的灌溉方式。按照作物生长期需水状况进行科学灌溉，在作物生长期内优化分配有限的灌溉水量；加大土壤的调蓄能力，增加降雨的有效利用，改变传统的漫灌方式。

（2）优化农业产业结构。进行农业种植业内部种植结构的调整，减少高耗水作物的种植面积，推行种植效益大、耗水低的作物，积极发展高质、高产、高效农业和特色农业。重视生态农业，推广节水灌溉和生物防治技术，使用高效、无污染的绿色肥料，减少农业面源污染。

（3）改革灌区管理制度、规范农业取用水管理和供水水费的收取。加强农业灌溉用水管理，通过建立相对稳定的灌区管理队伍、改进灌溉制度、制定农业用水的政策法规、出台合理的水价政策、组织成立灌溉用水户协会等一系列措施，提高水资源的有效利用率。

（4）建立多元化节水灌溉长效投入机制。加快推进节水灌溉投入机制建设，尽快形成与大中型灌区重要农业基础设施定位相适应的，以政府投入为主导、农户投入为基础、社会投入为补助的多元化节水灌溉长效投入机制。

（5）完善有关政策和扶持发展用水户协会等群众性组织。扶持发展用水户协会等群众性组织，调动灌区管理者和农民节水的积极性。

7.2.5.2　工业节水措施

督促洞庭湖区周边企业，尤其是高耗水企业向节水的深度和广度进军，结合工程措施和非工程措施，将重点放在"工艺节水"和"管理节水"上。

（1）调整产业结构，限制造纸、化工等重污染行业的发展，坚决淘汰和禁止对环境和资源破坏严重、违反国家有关规定的企业、项目和产品。

（2）全面推行计划用水和用水定额管理。

（3）制定节水型的水价政策。

（4）加强工业企业用水管理。

（5）加强节水宣传教育。

7.2.5.3 生活节水措施

其包括居民生活和公共设施（建筑业、第三产业）用水的节水措施。居民生活节水的核心思路是减少水的损失和浪费。

（1）开展节水文化建设，提高全民节水意识。

（2）进一步推进水价改革，结合实际情况适当提高水价，实行阶梯式水价。

7.2.5.4 建立节水科技创新机制和节水公众参与机制

依靠科技进步，提高水资源利用效率和效益，是水利部门的基本任务，是建设节水型社会的重要支撑。项目通过多种形式的宣传教育，让公众清醒地认识潜在的水危机，理解水资源可持续利用的重要性，进而增强全社会的节水意识，强化公众节约用水、减少排放的自觉性。只有公众自觉参与节水活动，在全社会营造了节约水光荣、浪费水可耻的良好氛围和风气，节水型社会才能真正建立。

7.2.6 全面实施控污治污措施、保障洞庭湖区水质

为了达到生态用水的水质要求，可以在国家现有水功能区划工作的基础上，将生态用水同样纳入水功能区的管理，即在必要的和有条件的河段、湖区划定生态功能区。同时要确定生态保护水域的污染物排放总量，加强生态保护水域的入河排污口管理，严格控制面源污染，为水生生态系统提供高质量的水质环境。具体从以下几个方面开展水质保障措施。

7.2.6.1 工业污染控制措施

洞庭湖流域湖南境的工业企业大多属于化工、冶金、机械、造纸、食品加工类企业，以能源及原材料为主的高耗能、高耗水的产业格局，造成结构性污染十分突出。工业污染源的治理要结合产业结构调整和技术改造，走新型工业化道路，推行清洁生产，从末端治理向生产全过程控制转变，减污增效。建立节水型工业，实现增产不增污、节水减污。例如，对采选矿业的结构调整，建议基于洞庭湖水环境保护要求，流域内尤其是湘水流域和资水流域高污染、高能耗的矿山开采、重金属冶炼等应为控制产业；有色金属矿乱采滥挖及主要入库河流两岸的重金属冶炼企业应取缔关停。而有机食品工业、有色金属新材料产业、电子信息、生物制药等低能耗、低污染、高附加值的产业类型应成为流域大力发展的产业方向。通过工业园区建设，制定规模化、标准化和现代化的工业企业扶持政策，通过高污染、高能耗、高风险企业的转产转型、新型产业达标排放、超标严罚、排污收费和生态补偿等监督管理措施，引导流域工业产业结构的优化和生产方式的改进。

对排放较大的重点污染源，通过在线监测或定期监测等方式，严格监控其废水排放达标情况。重点污染源要通过发放排污许可证，实行严格的总量控制制度，有效控制区域的污染物排放负荷。对非重点污染源，一方面要加强日常的监管力度，实施严厉的惩罚机制，抽查到一次排放超标现象，即按照全年超标进行处罚处理，另一方面要充分发挥公众参与和舆论监督的作用，使此类污染源的排污行为得到有效控制。

对新建污染源实施严格的审批制度，要从流域总量控制的角度严格控制排污量大的新建项目，严格执行建设项目环境影响评价制度，切实加强"三同时"验收，在生产源头上削减污染物的产生，有效控制流域污染物排放总量。

7.2.6.2　污水处理及纳污管网建设

项目加快洞庭湖区污水处理节点性工程的建设速度，充分发挥截污工程和污水处理厂的作用。同时，完善配套污水纳污管网的铺设及相关提升泵站建设，提高污水处理率，并结合区域用水（工业、绿化等）情况鼓励尾水回用，实现尾水的资源化再利用。

推进城镇污水治理基础设施建设，应新建、改造覆盖城乡的生活污水处理厂和处理设施，对现行污水处理厂实行挖潜改造，配套脱氮除磷设施，提高处理深度，增加处理能力，尤其对氮磷负荷高、水质超标的区域、流域采用具有更高效率的除磷脱氮工艺；加强雨污分流排水管网改造与建设，提高污水收集能力和处理效率；建设中水回用网络，提高水资源利用率。全面推行收取污水处理费有关政策，保障污水处理厂的正常运转。统筹考虑配套建设污泥处理设施，在主要城市率先建设污水处理厂污泥集中处置工程。

应全面治理流域内重点城市的城镇生活废水和垃圾，重点治理城市段的水体水质与景观，减少城市生活污染物对河流水体的影响，改善城市段河流与自然水体的景观，提高景观河段对人民生活环境质量的改善程度。重点建设干流城市和主要支流的城镇的污水处理项目、垃圾处理等设施。

7.2.6.3　面源污染控制措施

洞庭湖区农业面源污染问题突出。洞庭湖流域农业面源是洞庭湖水质氮、磷浓度较高的首因，主要包括农田面源、农村生活和规模化畜禽养殖。

加强农田面源污染的管理，进行种植结构的调整，控制化肥使用量，改进施肥施药方法，提倡测土施肥，提高农田灌溉效率，减少农田退水，尤其是对水田种植退水进行重点引导与控制，强化水源地面源控制，建设生态隔离缓冲带，提高水源涵养林面积，推行生态农业等措施，初步控制农田面源对流域水体水质的影响。要在湖南汉寿西洞庭湖省级自然保护区内以及湖南洞庭湖区柳叶湖内等地方采取退田还湖、退田还滩等措施。

所有集约化畜禽养殖业污水要实现达标排放，加强分散畜禽养殖的管理，严格限制饮用水源地等环境敏感区域的畜禽养殖和水产养殖，对敏感区内的污染源进行关闭和迁移，一级保护区内鱼塘尾水需通过流域内沟塘和土地处理后方可进入水体，并加强日常监测和执法检查。积极建设一批生态示范区、有机食品基地、大力推广秸秆气化工程，建设畜禽养殖废物处置中心，沿洞庭湖划定限养区与禁养区。

在农村地区因地制宜推行生活污水的简易生物处理，同时按照"湖南省农村环境综合整治"及推进农村环境综合整治的要求，积极推进乡镇生活垃圾处理基础设施建设，大力推进新农村建设、生态村建设、生态乡镇建设、造林绿化工程建设，保护洞庭湖的绿水青山，努力营造产业生态、社会和谐的农村生态人居环境。

7.2.6.4　重点河湖区域的综合整治与保护

流域内各地级人民政府应把城市河段的水污染治理作为本级政府环境保护工作的重点，应采取截污导流、污水治理、生态修复、水资源调配等多种手段，切实改善辖区内污染严重、影响大的水域。要求每个地级城市至少明显改善一条水污染严重河流或一个湖泊水环境质量，有效遏制局部区域水环境恶化的趋势。加快推进"四水""三口"干流污染综合整治区（沿线陆域 1km 范围）的环境综合整治。项目建立水环境保护生态屏障，以"四水""三口"沿岸 1km 为界划定保护线，综合整治保护线内的污染企业，坚决取缔国家明令禁止和淘汰的小造纸、小皮革、小化工和没有无害化处理设施的畜禽养殖场。同时推动具有饮用水水源地功能且水质较好湖泊开展生态环境保护试点示范，先期开展东江湖、水府庙、大通湖、西毛里湖、铁山水库、柘溪水库等试点示范。

7.3　主要河湖生态需水保障对策措施

在洞庭湖流域主要河流生态流量、湖泊生态水位重点保护与修复区域调查结果基础上，结合流域已建的、近期与远期拟建的水利工程项目，通过水系内调配和跨水系调水等多种方式，开展主要河流与湖泊生态水位保障对策措施。具体措施如下。

7.3.1　三口生态流量保障

生态基流指为维持河床基本形态、防止河道断流、保持水体天然自净能力和避免河流水体生物群落遭到无法恢复的破坏而保留在河道中的最小水流量。河流生态基流不但与河流生态系统中生物群体结构有关，而且还应与区域气候、土壤、地质和其他环境条件有关。河流生态基流研究目的在于遏制河道断流等造成的生态环境恶化，恢复流域生态系统健康和服务功能，进一步实现流域河流生态系统的可持续发展。

洞庭湖四口水系综合整治工程的总体布局为扩挖四口水系骨干河道，增加四口分流，恢复骨干河道常年通流，提供及保障河道内生态需水。通过河道扩挖增加进流、闸站改造、垸内骨干水系河湖连通等综合措施，解决区域内的灌溉、供水及生态基流不足问题。根据四口水系综合整治的原则和目标，以改善江湖关系及保障河道生态基流为根本，拟定工程总体布局为"疏-控-引-蓄"相结合，具体包括"河道扩挖、引江补湖、河湖连通"等。

综合规划中灌溉规划提出运用建泵站的方式满足松滋河、藕池河、虎渡河的河道外生态需水，而运用泵站抽水的方式很难从根本上解决三口非汛期断流的现状，也难以恢复三口与洞庭湖区水生廊道的作用。因此建议在规划水平年远期，通过疏浚、清淤等方式恢复三口与长江干流荆江河段的自然连通，保障三口生态需水，逐渐恢复三口作为长江与洞庭湖区连接通道的功能。表7.3.1为荆江三口生态流量保障。

表7.3.1　　　　　　　　　荆 江 三 口 生 态 流 量

断 面 名 称		鱼类产卵期（4—9月）		一般用水期（10月至次年3月）	
		生态流量/（m³/s）	同期均值比/%	生态流量/（m³/s）	同期均值比/%
虎渡口	最小	429.1	72.1	99.6	16.7
	适宜	664.8	111.7	154.3	25.9
藕池口	最小	412.5	28.1	69.3	4.7
	适宜	1048.8	71.4	176.2	12.0
松滋口	最小	1099.4	75.8	261.3	18.0
	适宜	1643.3	113.3	390.5	26.9

本书主要对存在淤积而导致季节性断流的藕池河、虎渡河、松滋河等进行疏挖，恢复其与长江干流荆江河段的连通性，恢复其生态基流。相机实施湖南省沅澧河湖连通、松澧河湖连通、沅南河湖连通、松虎藕四口河系连通、华容河河湖连通、岳阳市四湖、大通湖、民主垸八湖、烂泥湖、黄盖湖、鹤龙湖、珊珀湖等 13 处河湖连通工程，以及湖北省松滋市㳽水与王家大湖连通工程、松西支河与小南海连通工程、公安县淤泥湖与松东河连通工程、牛浪湖与松滋河连通工程、玉湖与松东河连通工程等 5 处河湖连通工程，重塑藕池河、虎渡河、松滋河以及洞庭湖重要支流与洞庭湖、长江的生态廊道作用。

7.3.2　四水生态流量保障

在四水干流以及支流上通过水利工程的控制调节，增加枯水期和枯水时段的河道流量，以增加河流的自净能力。重点考虑具有调节性水库调度方案的调整，增大枯期和旱季的下泄水量，保障下游生态用水，表 7.3.2 为四水干流控制站生态流量。在水库调度方案的拟定中，首先根据水功能区水质目标、允许纳污量等，确定在规划水平年采取污染控制措施后是否可以达到规划的水质目标，现状达不到或在近期内达不到的，应在有条件的河段采取水利工程调度措施来增加纳污能力。

表 7.3.2　　　　　　　　　　　四水控制站生态流量　　　　　　　　　单位：m^2/s

控制站	鱼类产卵期（4—9月）		一般用水期（10月至次年3月）	
	最小	适宜	最小	适宜
湘潭	898.0	1381.0	381.2	586.2
桃江	328.5	509.3	159.9	247.9
桃源	957.1	1625.6	317.3	538.9
石门	198.7	287.1	66.9	96.7

针对支流水电梯级布置密集的现状，由水行政主管部门根据当地生产、生活、生态及景观需水要求，制定各支流梯级的调度和运行模式，实行统一调度，并由水行政主管部门对流域内水电工程的调度运行情况实施监督，确保下泄生态流量，最大限度地减轻流域开发对水资源的不利影响。同时，针对梯级水电密集建设可能造成的库区江段近岸污染带范围增大的问题，研究和实施已建水利工程的水量水质联调。表 7.3.3 为四水生态问题及生态流量保障方案。

7.3.3　洞庭湖生态水位保障

江湖关系的持续变化尤其是三峡工程运行后带来的显著变化，湖区常态化、趋势性低枯水位严重制约了湖区经济社会可持续发展，对洞庭湖区域水安全保障带来重大影响。东、南、西洞庭湖主要水生态问题及胁迫因素详见表 7.3.4。

根据前面研究的结论，东、南、西洞庭湖推荐最低及适宜生态水位汇总见表 7.3.5。拟通过新建洞庭湖湖控工程来恢复和保障东、南、西洞庭湖生态水位。

表7.3.3　四水生态问题及生态流量保障方案

河流	主要水生态问题	发展趋势	主要胁迫因素	生态流量保障方案
湘水	人类活动的干扰使水生生物赖以栖息的生境发生改变，进而影响湘水流域水生物资源退化和多样性下降。湘水"四大家鱼"产卵场退化现象严重，洄游性鱼类的种群数量急剧下降。由于湘水湿地保护力度不够，湘水干支流湿地面积日益萎缩，湿地生态系统退化	湿地功能和生物多样性呈下降趋势，湿地生态稳定性及对污染物的自净能力也随之下降。鱼类资源呈现出种群数量减少、小型化和低龄化现象	湘水流域干流、支流的梯级开发活动导致河道严重渠化，降低了河道的连通性。已建的梯级部分未设置生态基流保障工程设备	对于湘水干流已建的水利枢纽，加强优化调度，要保证下游生态基流，以维持下游良好的水生生物生境。湘水干流开发的水电站如诺霜、归阳、大源渡等均应按照水资源论证正确的最小下泄流量下泄，保证下游湘江控制站湘潭站最小生态水量
资水	近年来资水流域电鱼、炸鱼、毒鱼等非法捕捞现象泛滥，过度捕捞导致水资源退化，主要表现为水生资源日益加剧。人类活动的干扰以及低值化和低龄化的生境发生改变，进而影响水生物种多样性和物种资源退化和多样性下降趋势明显	水质污染事件频率增加，水生生物资源退化物种和多样性下降趋势明显	人类过度捕捞，以及工业废水、生活污水及农业面源污染等的污染日益严重，同时无序制采砂制采砂行为破坏了河道的地质结构，河砂维放占用河岸和河道，进一步削弱了河流的生态功能	进一步限制及禁止过度捕捞及采砂行为，并对挤占水生态环境水量进行退减，对于资水干流上已建的水利枢纽，加强优化调度。以维持河道内水生生物良好的生境，以保障资水控制站桃江站最小生态水量
沅水	人类活动的干扰使水生生物赖以栖息的生境发生改变，进而影响性下降，导致沅水生物资源退化现象明显。工业废水、生活污水及农业面源污染的迅速发展，使沅水干支流的污染负荷日益加重，因此水质污染，因水质污染引起大量鱼类死亡的现象时有发生	沅水干支流湿地面积日益萎缩，湿地生态系统退化。湿地功能和生物多样性呈下降趋势。鱼类资源呈现出小型化和低龄化现象	工业废水、生活污水等污染源日增大。沅水干流、支流上修建了众多梯级电站，梯级开发导致库区流速等水文情势的变化，能造成原有水生生境的改变甚至消失	对于沅水干流已建的水利枢纽，加强优化调度，要保证下游生态基流，以维持下游良好的生态基流，以维持河道内水生生物良好的生境。保障沅水控制站桃源站的最小生态水量
澧水	澧水流域到目前为止建有贺龙、八斗溪、渔潭、红壁岩水库是上游、宜冲桥水库是上游。规划梯级、下碧滩、慈利、茶林河、三江口、青山、艳州电站均已建成运行，目均无有效的过鱼设施，使澧水整体水生态环境受到阻隔影响，河流被人为条块分割	澧水湿地生态多样化，湿地功能和生物多样性呈下降趋势。鱼类资源呈现出小型化和低龄化现象	澧水的干流、支流上修建了众多梯级电站，梯级开发导致库区水深、流速等水文情势的变化，能造成原有水生生境的改变甚至消失	澧水干流已建有水库要保证最小生态需水流量下泄，对生态需水存在问题区域制定专门的水源配套方案，退还挤占生态用水量。皂市、宜快推荐生态用水上马，皂市，宜市，通过江娅、皂市、三库联调，保障澧水控制站石门站的最小生态水量

表 7.3.4　　　　　　　　东、南、西洞庭湖主要水生态问题及胁迫因素

主要水生态问题	发展趋势	主要胁迫因素
江湖关系持续变化，湖区枯水位降低，湿地生态功能减弱，部分湖区出现富营养化，鱼类资源减少较明显	富营养化程度及水质有恶化趋势	流域内工农业及生活污染，主要影响因子为总氮、总磷；泥沙淤积和围垦使湖泊水面缩小；酷渔滥捕行为严重削弱了鱼类繁殖群体；水利工程建设阻隔了鱼类自然洄游通道；湖州杨树大开发使许多优质草滩丧失，鱼类的天然产卵场减少；工业废水、农业及沿湖城市居民生活污水危害鱼类生殖生理，导致鱼类繁殖能力下降等

表 7.3.5　　　　　　　　　　洞庭湖区湖泊生态水位　　　　　　　　　　单位：m

控制站点	鱼类产卵期（4—9 月）		一般用水期（10 月至次年 3 月）	
	最小	适宜	最小	适宜
东洞庭湖（城陵矶）	23.7	25.8	19.1	20.8
西洞庭湖（南咀）	30.0	30.6	27.9	28.5
南洞庭湖（杨柳潭）	28.7	29.3	27.0	27.5

洞庭湖湖控工程分东、南、西三级控制，分别在东洞庭湖出口城陵矶、南洞庭湖出口磊石山及西洞庭湖出口小河咀、南咀建综合枢纽工程，采取"调枯不调洪"运行方式进行科学调度，通过对西、南、东洞庭湖分级调控。维持湖区合理生态水位，缓解常态化、趋势性低枯水位造成的水安全问题，从而为生态、供水、灌溉、航运和环境等提供安全保障。通过合理调节西、南、东洞庭湖水位，满足湿地动态特征对水位削落的需求，延迟湖泊洼地水位提前下降带来的对湿地提前出露的影响，为水生植物和水生动物提供较稳定的环境，保障湖区生态安全；通过合理调节湖区水位，满足供水、灌溉可靠取水的水位需求，为解决城乡人畜饮用水安全问题提供可靠水源，保障湖区供水安全和粮食安全。

近期主要通过恢复松滋、藕池、虎渡河生态基流，加大松滋、藕池、虎渡、华容河入湖水资源量，以及优化湘、资、沅、澧枢纽工程调度以满足讯末洞庭湖区最小生态水位的保障问题。

此外，完善河流生态基流和生态环境需水的保障制度，使河流生态基流、生态环境需水和湖泊最小生态需水位等保障纳入法制轨道；加强洞庭湖湘、资、沅、澧四水上游等重点水利枢纽水库调度研究，以维护河流健康、促进人水和谐为基本宗旨，统筹防洪、发电等与生态的关系，协调上、下游，河流与湖泊等水体生态环境需水量的关系，在不同时间尺度和不同空间尺度满足湘、资、沅、澧四水入湖控制节点生态需水的要求；加强湘、资、沅、澧四水和松滋、太平、藕池、调弦三口入湖流量控制。

洞庭湖应优先考虑从长江干流及其支流河道径流进行科学调配，对洞庭湖湿地区实行综合整治及生态恢复建设工程。保障洞庭湖与长江的良好连通状况，逐步恢复和修复其他湖泊水体与长江的联系。

7.4　小　　结

在洞庭湖流域生态需水计算结果基础上，为保障荆江三口、四水和洞庭湖区域合理的

河道生态基流和湖泊生态水位，以满足洞庭湖区域水资源调度和河流生态健康的目标、促进人水和谐的基本宗旨，以尽可能地促进社会经济与生态环境的共同和谐发展，提出了以工程措施和非工程措施相结合的保障措施和对策方案。

通过统筹防洪、兴利与生态，在满足下游生态保护和湖泊水环境保护要求的基础上，充分考虑上、下湖泊及河流生态环境需水量要求，实施以保护和改善环境的河道清淤、水利工程建设等工程措施，以及实行最严格水资源管理制度、流域水务一体化管理制度、河流生态用水危机管理机制、流域性水工程统一调度机制、节水型社会建设、水质管理和生态环境保护措施等非工程措施，以消除或缓减湖泊截留对生态与环境带来的不利影响，优化调度管理措施，建立以生态保护为核心的管理机制，在强调水利工程的经济效益与社会效益的同时，将生态效益提高到应有的位置，达到经济与生态并重、人与自然和谐发展的目标。

第8章 结 论 与 展 望

8.1 结 论

（1）对洞庭湖流域水生态环境状况进行了调查评价，分析了江湖关系变化下湖南省主要河流以及洞庭湖湖区水文状况、水环境状况、物理形态状况以及水生态状况，并对主要河湖水生态问题及影响因素进行综合评价。四水以及荆江三口流量不断下降，三口断流加剧、水资源形势严峻，湖区水位显著下降，三峡水库蓄水期间（10月）尤为显著；洞庭湖总体水质呈下降趋势，目前为 V 类，影响水质的主要污染物是总氮和总磷，大多数水质指标维持Ⅲ类，其中东洞庭湖污染较重；荆江三口河道以及洞庭湖淤积严重，洞庭湖水面面积与容积严重萎缩，蓄洪能力剧降；洞庭湖水生态系统总体上处于良好状态，近年来由于多种因素的影响，出现了明显的退化趋势，主要表现为湿地功能弱化、珍稀水生动物濒危程度加剧、鱼类资源严重衰退、水鸟数量明显减少等，其原因为资源过度开发利用、水环境污染以及水利工程建设。

（2）对洞庭湖流域生态水文情势演变规律进行了分析，综合运用水文统计方法和 IHA-RVA 法定量评估了人类活动对荆江三口、四水和东、西、南洞庭湖湖区域生态水文改变程度。荆江三口年均流量显著下降，四水年均流量变化不大，东洞庭湖和南洞庭湖年均湖水位上升，而西洞庭湖显著下降；荆江三口、四水和洞庭湖湖区水文突变年份分别为 1980 年、1990 年和 2003 年，其水文突变主要因素是人类活动加剧，尤其是三峡等水电工程等相继完工及其运行；荆江三口太平口、藕池口和松滋口生态水文综合改变度分别为 56%、54% 和 29%，太平口和藕池口的流量特性都发生中度改变，且两者的整体水文改变度相差不大，松滋口是低度改变；四水中湘水（湘潭）、资水（桃江）、沅水（桃源）和澧水（石门）生态水文综合改变度分别为 36%、22%、35% 和 42%，其中湘水、沅水和澧水属于中度改变，资水属于低度改变；洞庭湖湖区 3 个代表水文站城陵矶、南咀、杨柳潭的整体水文改变度分别为 56%、45%、50%，均为中度改变。

（3）对洞庭湖流域环境流量指标进行了分析，环境流量指标研究以 IHA 软件为平台，选取湖南省四水、三口和洞庭湖湖区主要水文站的逐日流量、水位资料，依据各水文站点的突变点分为两个变动水文序列，分析水文突变前后洞庭湖流域环境流量组成及其环境流量指标变化情况。河流环境流量过程被划分为枯水流量、特枯流量、高流量脉冲、小洪水和大洪水 5 种流量模式，受到人类剧烈活动影响后，洞庭湖流域特枯流量和大洪水时间基本消失，枯水流量和高脉冲流量事件趋于增加且更为集中化；人类活动对洞庭湖流域各月枯水流量事件和特枯流量事件影响较为显著，特枯流量事件的平均历时延长，高流量脉冲和大洪水事件的平均历时则缩短，特枯流量和高流量脉冲事件的出现时间延迟；洞庭湖流域受影响较大的环境流量指标涉及枯水流量、特枯流量事件的出现次数和出现时间以及小洪水极大值出现次数等；根据环境流量组成及其指标变化程度，可知人类活动尤其是水电工程在一定程度上改变了对洞庭湖流域环境流量特征指标。

（4）对洞庭湖流域生态需水进行了评估，提出了基于 IHA－RVA 法的河湖最小和适宜生态需水计算方法，分别对荆江三口、四水和东、西、南洞庭湖的最小和适宜推荐生态需水过程，并对河湖生态需水结果和保障度进行了综合评价。荆江三口现状和历时保障度总体较低，在 40％以下，四水最小保障度在 90％以上，适宜生态流量保障度在 70％以上，洞庭湖湖区生态水位保障度在 90％以上，其中 7—10 月生态水位保障度在 70％以下；洞庭湖的最低生态水位保障度普遍较高，能够达到 80％以上，但适宜生态水位保障度总体相对较低，尤其以西洞庭湖适宜生态水位保障度最低，汛期相对于非汛期生态水位保障度较低。因此，湖南省应重点针对湖泊适宜生态水位保障度较低，年内保障度差异大等特征进行保障对策措施研究，提高适宜生态水位的保障度，以维护湖泊生态系统的健康与生物多样性。

（5）为保障荆江三口、四水和洞庭湖区合理的河道生态基流和湖泊生态水位，以满足洞庭湖区域水资源调度和河流生态健康的目标、促进人水和谐的基本宗旨，以尽可能地促进社会经济与生态环境的共同和谐发展，提出了以工程措施和非工程措施相结合的保障措施和对策方案。通过统筹防洪、兴利与生态，在满足下游生态保护和湖泊水环境保护要求的基础上，充分考虑上下湖泊及河流生态环境需水量要求，实施以保护和改善环境的河道清淤、水利工程建设等工程措施，以及实行最严格水资源管理制度、流域水务一体化管理制度、河流生态用水危机管理机制、流域性水工程统一调度机制、节水型社会建设、水质管理和生态环境保护措施等非工程措施。以消除或缓减湖泊截留对生态与环境带来的不利影响，优化调度管理措施，建立以生态保护为核心的管理机制，在强调水利工程的经济效益与社会效益的同时，将生态效益提高到应有的位置，达到经济与生态并重、人与自然和谐发展的目标。

8.2　展　　望

本书仅对荆江三口、四水以及洞庭湖湖区主要水文控制站点进行了生态需水分析，下一步工作建议开展各大支流生态需水分析，同时开展基于全流域生态需水保障的水资源优化调度研究，进一步梳理现状供水工程潜力，同时对规划工程如河湖连通工程、生态补水工程进行分析，探索规划工程实施对河湖生态系统影响程度。

此外，建议尽快开展洞庭湖流域生态系统健康状况评价研究，从水文、水质、河岸带、水生物等方面综合评估洞庭湖流域生态系统健康状况，弄清洞庭湖流域生态问题，并进一步提出相关生态修复措施。

参 考 文 献

[1] 水利部长江水利委员会. 洞庭湖区综合规划报告 [R]. 2011.

[2] 孙占东, 黄群, 姜加虎. 洞庭湖主要生态环境问题变化分析 [J]. 长江流域资源与环境, 2011.

[3] 刘茂松. 基于长株潭城市群增长极的洞庭湖腹地经济发展战略思考——创建国家级洞庭湖中国特色农业现代化示范区的建议 [J]. 农业现代化研究, 2011.

[4] Huet M. Biologie profiles en travers des eaux courantes [J]. Bull. Fr. Piscicul, 1954, 175: 41-53.

[5] Vannote R L, Minshall G W, Cumminus K W, et al. The river continuum concept [J]. Canadian Journal of Fisheries and Aquatic Science, 1980, 37: 130-137.

[6] Ward J V, Stanford J A. The serial discontinuity concept of lotic ecosystems [C] //In Dynamics of Lotic Ecosystems, Ann Arbor: Ann Arbor Science Publishers, 1983.

[7] Frissel C A, Liss W J, Warren C E, et al. A hierarchical framework for stream habitat classification: View in watershed context [J]. Environmental Management, 1986, 10: 199-214.

[8] Junk W J, Bayley P B, Sparks R E. The flood pulse concept in river-flood plain systems [J]. Canadian Special Publications in Fisheries and Aquatic Sciences, 1989, 106: 110-127.

[9] Ward J V. The four-dimensional nature of lotic ecosystems [J]. Journal of the North American Benthological Society, 1989, 8 (1): 2-8.

[10] Poff N L, Allan J D, Bain M B, et al. The Natural flow regime: A paradigm for river conservation and restoration [J]. Bioscience, 1997, 47: 769-784.

[11] 董哲仁. 河流生态系统研究的理论框架 [J]. 水利学报, 2009, 40 (2): 129-137.

[12] Elwood J W, Newbold J D, O'Neil R V, et al. Resource spiraling: an operational paradigmfor analyzing lotic ecosystems [C] //In Dynamics of Lotic Ecosystems, Ann Arbor: Ann Arbor Science Publishers, 1983: 3-27.

[13] Statzner B, Higler B. Stream hydraulics as a major determinant of benthic invertebrate zonation patterns [J]. Freshwater Biology, 1986, 16: 127-139.

[14] Thorp J H, Delong M D. The riverine productivity model: an heuristic view of carbon sources and organic processing in large river ecosystems [J]. Oikos, 1994, 70: 305-308.

[15] Schiemer F, Keckeis H. "The inshore retention concept" and its significance for large river [J]. Arch. Hydrobiol. Sppl, 2001, 12 (2-4): 509-516.

[16] 周怀东, 彭文启. 水污染与水环境修复 [M]. 北京: 化学工业出版社, 2005.

[17] 董哲仁. 河流生态系统结构功能模型研究 [J]. 水生态学杂志, 2008, 1 (1): 1-7.

[18] Richter B D, Baumgartner J V, Powell J, et al. A method for assessing hydrologic alteration within ecosystems [J]. Conservation Biology, 1996, 10 (4): 1163-1174.

[19] Growns J et al. Characterisation of flow in regulated and unregulated streams in eastern Australia [R]. Cooperative Research Centre for Freshwater Ecology Technical Report, 2000.

[20] 郭文献, 夏自强, 王乾. 丹江口水库对汉江中下游水文情势的影响 [J]. 河海大学学报 (自然科学版), 2008, 6: 733-737.

[21] 徐天宝, 彭静, 李翀. 葛洲坝水利工程对长江中游生态水文特征的影响 [J]. 长江流域资源与环境, 2007, 1: 72-75.

[22] 冯瑞萍，常剑波，张晓敏，等. 长江干流关键点流量变化及其生态影响分析 [J]. 环境科学与技术，2010，9：57-62.

[23] 王俊娜，李翀，廖文根. 三峡-葛洲坝梯级水库调度对坝下河流的生态水文影响 [J]. 水力发电学报，2011 (2)：84-90.

[24] 张洪波，顾磊，陈克宇，等. 渭河生态水文联系变异分区研究 [J]. 西北农林科技大学学报，2016 (6)：210-219.

[25] 赵伟华，曹慧群，黄茁，等. 向家坝蓄水前后长江上游珍稀特有鱼类国家级自然保护区物理完整性评价 [J]. 长江科学院院报，2015，6：76-80.

[26] Tharme R E. A global perspective on environmental flow assessment: emerging trends in the development and application of environmental flow methodologies for rivers [J]. River Research and Applications，2003，19 (5)：397-441.

[27] 杨志峰，崔保山，刘静玲. 生态环境需水量评估方法与例证 [J]. 中国科学 (D 辑)，2004，34 (11)：1072-1082.

[28] Sccatena F N. A survey of methods for setting minimum instream flow standards in the Caribbean basin [J]. River Research and Applications，2004，20 (2)：127-135.

[29] 杨志峰，陈贺. 一种动态生态环境需水计算方法及其应用 [J]. 生态学报，2006，26 (9)：2989-2995.

[30] 杨志峰，张远. 河道生态环境需水研究方法比较 [J]. 水动力学研究与进展，2003，18 (3)：294-301.

[31] 陈启慧，夏自强，郝振纯，等. 计算生态需水的 RVA 法及其应用 [J]. 水资源保护，2005，21 (3)：4-5，11.

[32] Tennant D L. Instream flow regimes for fish, wildlife, recreation and related environmental resources [J]. Fisheries，1976，1 (4)：6-10.

[33] 郭文献，夏自强. 河流生态需水及生态调控理论与实践 [M]. 北京：中国水利水电出版社，2013.

[34] Richter B D. How much water does a river need? [J]. Freshwater Biology，1997，37 (2)：231-249.

[35] Gippel C J, Stewardson M J. Use of the wetted perimeter in definingminimum environmental flows [J]. Regulated Rivers: Research and Management，1998，14 (1)：53-67.

[36] Mosely M P. The effect of changing discharge on channel morphology and instream uses and in a braide river, Ohau River, New Zealand [J]. Water Resources Researches，1982 (18)：800-812.

[37] Bovee K D. A guide to stream habitat analysis using the instream flow incremental methodology [M]. Washington, D. C.: U. S. Fish and Wildlife Service，1982.

[38] Leclerc M, Boudreault A, Bechard J A, et al. Two-dimensional hydrodynamic modeling: a neglected tool in the instream flow incremental methodology [J]. Transactions of the American Fisheries Society，1995，124 (5)：645-662.

[39] King J, Louw D. Instream flow assessments for regulated rivers in South Africa using the Building Block Methodology [J]. Aquatic Ecosystem Health and Management，1998，1 (2)：109-124.

[40] Hughs D A. Providing hydrological information and data analysis tools for the determination of ecological instream flow requirement for South Africa rivers [J]. Journal of Hydrology，2001，241：140-151.

[41] Hughes D A, Hannart P. A desktop model used to provide an initial estimate of the ecological instream flow requirements of rivers in South Africa [J]. Journal of Hydrology，2003，270 (3-4)：167-181.

[42] 桑连海，陈西庆，黄薇. 河流环境流量法研究进展 [J]. 水科学进展，2006，17 (5)：754-760.

[43] 李丽娟，郑红星. 海滦河流域河流系统生态环境需水量计算 [J]. 地理学报，2000，55（4）：495－500.

[44] 严登华，何岩，邓伟. 东辽河流域河流系统生态需水量研究 [J]. 水土保持学报，2001，15（1）：46－49.

[45] 于龙娟，夏自强. 最小生态径流的内涵及计算方法研究 [J]. 河海大学学报（自然科学版），2004，32（1）：18－22.

[46] 陈竹青. 长江中下游生态径流过程的分析计算 [D]. 南京：河海大学，2005.

[47] 徐志侠. 河道与湖泊生态需水研究 [D]. 南京：河海大学，2005.

[48] 宋兰兰. 南方地区生态环境需水研究 [D]. 南京：河海大学，2005.

[49] 苏飞. 河流生态需水计算模式及应用研究 [D]. 南京：河海大学，2006.

[50] 英晓明. 基于 IFIM 方法的河流生态环境模拟研究 [D]. 南京：河海大学，2006.

[51] 陈敏建，丰华丽，王立群，等. 生态标准河流和调度管理研究 [J]. 水科学进展，2006，17（5）：631－636.

[52] 吉利娜. 水力学方法估算河道内基本生态需水量研究 [D]. 杨陵：西北农林科技大学，2006.

[53] 樊健. 河流生态径流确定方法研究 [D]. 南京：河海大学，2006.

[54] 郭文献，夏自强. 长江中下游河道生态流量研究 [J]. 水利学报（增），2007，10：619－623.

[55] 赵长森，刘昌明，夏军，等. 闸坝河流河道内生态需水研究——以淮河为例 [J]. 自然资源学报，2008，23（3）：400－411.

[56] 李亚平. 基于 SWAT 模型的徒骇河流域生态需水量研究 [D]. 北京：中国海洋大学，2012.

[57] 何婷. 淮河流域中下流典型河段生态水文机理与生态需水计算 [D]. 北京：中国水利水电科学研究院，2013.

[58] 巩琳琳. 基于生态需水的渭河流域水资源合理配置研究 [D]. 西安：西安理工大学，2013.

[59] 刘玉安. 流域水可获取性及生态需水研究——以汉江流域中下游（湖北省境内）为例 [D]. 武汉：华中师范大学，2014.

[60] 商玲，李宗礼，孙伟，等. 基于 HIMS 模型的西营河流域河道内生态基流估算 [J]. 水土保持研究，2014，21（1）：100－103.

[61] 董哲仁，赵进勇，张晶. 环境流计算新方法：水文变化的生态限度法 [J]. 水利水电技术，2017，48（1）：11－17.

[62] Kahya E, Kalayc S. Trend analysis of streamflow in Turkey [J]. Journal of Hydrology，2004，289：128－144.

[63] Burn D H, Hag Elnur M A. Detection of hydrologic trends and variability [J]. Journal of Hydrology，2002，255：107－122.

[64] 李景保，罗中海，叶亚亚，等. 三峡水库运行对长江荆南三口水文和生态的影响 [J]. 应用生态学报，2016，27（4）：1285－1293.

[65] 王随继，闫云霞，颜明，等. 皇甫川流域降水和人类活动对径流量变化的贡献率分析 [J]. 地理学报，2012，67（3）：388－396.

[66] 吕琳莉，李朝霞. 雅鲁藏布江中下游径流变异性识别 [J]. 水力发电，2013，39（5）：13－15.

[67] Richter B D, Baumgartner J V, Powell J, et al. A method for assessing hydrologic alteration within ecosystems [J]. Conservation Biology，1996，10（4）：1163－1174.

[68] Richter B D, Baumgartner J V, Braun D P, et al. A spatial assessment of hydrologic alteration within a river network [J]. Regulated River：Research and Management，1998，14（4）：329－340.

[69] 姜刘志. 三峡蓄水后长江中下游水文情势变化特征及其对鱼类的影响研究 [D]. 北京：中国科学院大学，2014.

[70] Baird A J, Wilby R L. Eco－hydrology：Plants and Water in Terrestrial and Aquatic Environments

参　考　文　献

［M］. London：Psychology Press，1999.

［71］ 刘静玲，杨志峰. 湖泊生态环境需水量计算方法研究 ［J］. 自然资源学报，2002（5）：604-609.

［72］ 徐志侠，王浩，唐克旺，等. 吞吐型湖泊最小生态需水研究 ［J］. 资源科学，2005，27（3）：140-144.

［73］ 徐志侠，王浩，董增川，等. 南四湖湖区最小生态需水研究 ［J］. 水利学报，2006，37（7）：784-788.

［74］ 崔保山，赵翔，杨志峰. 基于生态水文学原理的湖泊最小生态需水量计算 ［J］. 生态学报，2005，25（7）：1788-1795.

［75］ 潘扎荣，阮晓红，徐静. 河道基本生态需水的年内展布计算法 ［J］. 水利学报，2013，44（1）：119-126.